ここに気づけば!
東大・難関大「数学」入試問題が
あなたにも解ける

京極一樹
Kazuki Kyogoku

JIPPI Compact

実業之日本社

はじめに

●社会人の方々へ

　高校・大学を卒業して何年かたって、もう一度昔の数学を振り返ってみると、どのように感じられるでしょうか。最近は、高校数学をもう一度やり直す方々が増えています。「高校時代は数学が嫌いだったけれど、もう一度やり直したい」「今やってみたら、昔ほど嫌ではない」「子供に解き方を聞かれて、やってみたら昔よりよくわかる」……。

　そうなんです。数学は、離れたら忘れるのは仕方がありませんが、何年かたって戻ってみると、高校のころよりは持続力、記憶力、忍耐力があって、意外と解けてしまうものなのです。なんと、東大の数学入試問題さえも。

●受験生の方々へ

　一世を風靡し、今も人気の高い『ドラゴン桜』、このマンガを見て筆者は嬉しくなりました。筆者も、「東大の数学は難しくない」といい続けてきたからです。ドラゴン桜』では、東大の数学の特徴を次のように述べています。

　○具体的な思考から始める！
　○長文問題にはヒントがいっぱい！
　○全問解こうとするな！
　他にもこんな特徴があります。
　○基礎力重視（計算力は必須）
　○パラメータの利用や変数変換が多い
　○ 2/3 解けたら受かる（2/3 は解ける問題が出る）

つまり、基礎力があって、取り組む問題を間違わなければ受かってしまいます。本書はこの2/3の問題だけを集めたものです。問題は4種類に分類しました。

　　　中学生でも解けそうな問題：　　　　　　　　　[AA]
　　　教科書レベルの問題：　　　　　　　　　　　　[A]
　　　教科書問題と普通の入試問題の中間の問題：　　[B]
　　　普通の入試問題レベルの問題：　　　　　　　　[C]

とっつきにくい問題があったらまず、「具体的な思考から始める」「やれることをやってから考える」ことです。まず問題から何がわかるかを抜き出して試し、「イメージをつくる」ことが重要です。「2桁の整数」とあったらまず「1桁の整数」で試します。「円周の長さの下限」を求めるなら「内接多角形の周の長さ」を求めます。その上で、「ここに気がつくと…」というアドバイスも用意しました。

　高校生用の解説書では、紙面の制限もあり、途中が省略されています。解答だけしか書かれていません。だから疲れます。本書では、途中は省略しません。計算は「目で追えるくらい」まで詳しく書きました。思いつくだけ、別解も書きました。

　本書では、できるだけ「問題文がやさしい」ものを中心に集めましたが、実は長文の問題の方が、ステップバイステップで問題の解き方が用意されていて、やさしいものが多いのです。

　「あっほんとだ！これなら自分でも解ける!」という驚きと喜びを分かち合ってください。

2015年1月

　　　　　　　　　　　　　　　　　　　　　　　　　　　　　著者

●目次●

第1章 もっともやさしい問題群

1 東大数学入試問題史上もっとも簡単な問題 　　　　10
　　　　　　　　　　（2002年 文科・AA）

2 長文問題がやさしいというのは本当? 　　　　14
　　　　　　　　　　（2007年 文科・A）

3 連結した4つの線分の中継点が動く領域の面積を求める問題 　　　　18
　　　　　　　　　　（1982年 文科・AA）

4 円周率の近似値を求める史上3番目に短い問題 　　　　20
　　　　　　　　　　（2003年 理科・AA）

5 変数をどんどん切り替えて最小値を得る問題 　　　　24
　　　　　　　　　　（1995年 文理共通・B）

6 完全に教科書レベルの三角方程式の問題 　　　　26
　　　　　　　　　　（2002年 文理共通・A）

7 視点を切り替えると解ける! クイズのような図形問題 　　　　28
　　　　　　　　　　（1999年 京大／理系後期・AA）
　　　　　　　　　　（2014年 早稲田大／教育・A）

8 視点を切り替えるとすぐに解ける連立方程式の問題 　　　　30
　　　　　　　　　　（1964年 文理共通・B）
　　　　　　　　　　（2014年 横浜市大／医・B）

第2章 特別な道具はいらない整数問題

9 中学数学のテクニックを使おう! 2桁整数は $10a+b$ とおく 　　　　36
　　　　　　　　　　（2007年 文科・A）

10 数学入試問題史上もっとも短い問題 　　　　38
　　　　　　　　　　（2006年 京大／理系後期・B）

11 不定方程式の整数解は不等式を利用して求める 　　　　40
　　　　　　　　　　（2006年 文理一部共通・B）

12 不等式を利用して不定方程式の整数解を求める…その2 　　　　44
　　　　　　　　　　（頻出有名問題・A）

13	不等式を利用して不定方程式の整数解を求める…その3	46
	(2011年 一橋大・C)	
14	因数分解を利用すると解ける整数問題	48
	(2009年 一橋大・C)	
15	数学的帰納法を利用する簡単な整数の問題	50
	(1997年 文科・B)	
16	「連続する整数は互いに素」を使って解く問題…その1	54
	(2005年 文理共通・B)	
17	「連続する整数は互いに素」を使って解く問題…その2	56
	(2013年 京大／文系・理系・B)	
18	3で割った余りを考える問題…その1	60
	(2001年 京大／文系・B)	
19	3で割った余りを考える問題…その2	62
	(2014年 京大／理系・C)	

第3章 かなりやさしい数式問題

20	線形計画法という分野の問題	66
	(2003年 文科・B)	
21	2つの2次関数で囲まれる領域での最大値・最小値の問題	70
	(2004年 文科・B)	
22	xとyの2次方程式を満たすxの最大値を求める問題	74
	(2012年 文科・A)	
23	xとyの3次対称式の条件つき最大値を求める問題	76
	(2012年 京大／理系・B)	
24	2次方程式の解の虚実にかかわらず実部が正という問題	79
	(1992年 文科・B)	
25	2次方程式がある範囲に異なる2つの実数解を持つことを示す問題	82
	(1996年 文理共通・C)	
	(2013年 東北大／文系・A)	

26	複2次方程式の解と係数の関係から解の範囲を得る問題	86
	（2005年 文科・C）	
27	三角関数の加法定理を証明する問題	90
	（1999年 文理共通・A）	
28	半端な角度の三角関数値を求める問題	95
	（2004年 横浜市大／商・C）	

第4章 やさしい図形問題

29	2つの正三角形が内接する球の半径を求める問題	98
	（2001年 文理共通・B）	
30	円に内接する四辺形の辺の長さを2次方程式で求める問題	100
	（2006年 文科・C）	
31	放物線上の正三角形の辺の長さを求める問題	102
	（2004年 文理共通・C）	
32	角度がわからないままで最大値を求める三角関数の問題	106
	（2010年 文科・B）	
33	正四角柱を斜めに切る平行四辺形の面積の問題	109
	（2014年 理科・B）	
34	$\sin(\pi/10)$ の値を二等辺三角形から求める問題	112
	（2012年 横浜市大／医・B）	
35	正五角形から $\cos(2\pi/5)$ を求める問題	114
	（2013年 順天堂大／医・B）	
36	複数の線分の交点の内分比を求める問題	117
	（2013年 京大／文理共通・B）	
37	線分の交点の内分比と内積を使う四面体の体積の問題	120
	（2010年 理科・C）	

第5章 やさしい数列とその応用問題

38	等差数列・等比数列の基礎問題	128
	（2009年 佐賀大／教育・A）	

39	自然数の1乗和・2乗和・3乗和を求める問題	132

(2010年 九州大文系・A)

(新作問題・B)

40	少し面倒な空間格子点を数える問題	136

(1998年 理科・C)

41	$(1+1/n)^n$ と $\sin\theta/\theta$ を含む数列の極限の図形問題	140

(2007年 理科・B)

42	回転行列を利用する図形問題	142

(2013年 理科・B)

43	3以上の奇数の2乗・3乗で割り切れる整数数列の問題	145

(2008年 文科・B)

44	割り算を商と余りの関係で解く数列の問題	148

(2014年 文理共通・B)

45	新記号を使った整数と数列の問題	150

(2011年 文科・C)

第6章 少しむずかしい確率の問題

46	確率の問題ではもっともやさしいといわれる問題	154

(2006年 文理一部共通・B)

47	硬貨を使ったブロック積みゲームの問題	158

(2007年 文理共通・C)

48	4色の玉をL・R2つの箱に分ける問題	162

(2009年 文理共通・C)

49	さいころの目を使った割り算の問題…その1	166

(2003年 文科・C)

50	さいころの目を使った割り算の問題…その2	170

(2003年 理科・C)

51	少しむずかしい漸化式を解く数直線上の位置の問題	174

(2001年 文理共通・C)

第7章 少しやさしい微積分の問題

- 52 微積分の分野ではもっともやさしい問題　　182
  （2008年 文科・A）
- 53 これもやさしい文系微積分の問題　　184
  （2014年 文科・B）
- 54 絶対値記号と3次関数を含む関数の最小値を求める問題　　186
  （2006年 文科・B）
- 55 対数分数関数の高次導関数の漸化式の問題　　188
  （2005年 理科・B）
- 56 ２つの放物線の交点と原点がつくる三角形の面積の積分計算　　190
  （2014年 理科・C）
- 57 三角関数を含む２つの曲線の交点の数を求める問題　　194
  （2013年 理科・C）
- 58 複雑な三角関数の定積分の問題　　197
  （2001年 理科・C）
- 59 東大の回転体積分の問題の中でもっともやさしい問題　　200
  （2004年 理科・C）
- 60 東大の回転体積分の問題の中で２番目にやさしい問題　　203
  （2012年 理科・C）

装幀　杉本欣右
カバー写真　aopsan / PIXTA（ピクスタ）

第1章

もっともやさしい問題群

東大数学入試問題史上 もっとも簡単な問題

● おはじきを置いて考えてみよう！

最初は実際に 2002 年の文科で出題された問題です。これが東大の問題だといわれると驚かれるかもしれませんが、そうなのです。「こうしたら？」という直感を大事にしましょう。まずは挑戦してみてください。昔のおはじきでもあれば、2色のおはじきを並べて試してみましょう。

難易度AA

円周上に m 個の黒い玉と n 個の白い玉を任意の順序に並べる。これらの玉により、円周は $m+n$ 個の弧に分けられる。このとき、これらの弧のうち両端の玉の色が異なるものの数は偶数であることを証明せよ。ただし、$m \geq 1$、$n \geq 1$ であるとする。

（2002年文科、改題）

● これって本当に東大入試問題？

元の問題は「青い点と赤い点」なのですが、図解の都合上「白い玉と黒い玉」に変えてあります。この問題は、一時は「小学生でも解ける」といわれた問題ですが、確かに小学生が手元におはじきでもあれば、正解は出せると思います。

しかし小学生が「証明を書いて得点する」のは無理かもしれません。中学生にしても、方法論が与えられずに証明せよといわれる

と、戸惑う問題だと思います。しかしながら、社会人が、お酒でも飲みながら証明を考えるには良問ではありませんか。

どんな問題でもそうなのですが「やってみること」が大事です。黙って眺めていても解けません。$m=n=10$ の場合の図を示します。

●$m=n=10$ の場合

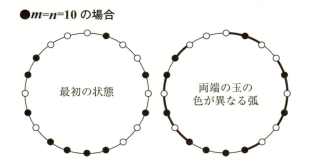

最初の状態　　　　両端の玉の
色が異なる弧

するとこの図の場合、両端の玉の色が異なる弧の数は偶数の12個となります（右上図の太い弧）。

●ここに気がつくと…

上の図をじーっと見ていると、黒玉だけが目につくようになりませんか？ 片方の玉だけに注目できると先が見えてくると思います。黒玉が連続していようが1個で孤立していようが、黒玉のグループの両端は当然黒玉であり、そのグループの両脇にはかならず両端の玉の色が異なる弧があります。この考え方の図を、次頁に示します。

このグループの数を a とすると、両端の玉の色が異なる弧の数は $2a$ という偶数になります。以上証明終わり。

上の証明では、まるで「キツネにつままれた」ように思われるかもしれませんね。次の証明は少し作業を伴います。

●黒玉だけのグループをつくった場合

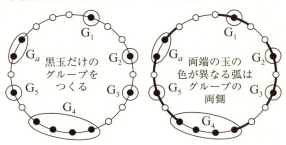

●無関係な玉を除いてみよう!

余計な玉を除いていきます。2色のおはじきを20個くらい並べてやってみてください。

最初に、弧の生成に無関係な玉を除きます。色には関係なく、同色の玉が3個以上連続して並んでいる場合は、両端以外の玉をすべて除いても「両端の玉の色が異なる弧」の数は変わりません。右頁上段の図に、除かれた玉を×をつけて示します。

さらに弧の生成に無関係な玉を除きます。同色の玉が2個連続して並んでいる場合は、1個を残してすべて除いても「両端の玉の色が異なる弧」の数は変わりません。この操作の結果、同色の玉が並ばない配置で玉が残りますが、黒玉と白玉はかならず1つおきに並びます。この考え方の図を、右頁上段右図に示します。

ということは、かならず黒玉と白玉は a 個ずつ同数であり、すべての弧が「両端の玉の色が異なる弧」ということになります。この弧の個数は玉と同数の $2a$ 個なので、「両端の玉の色が異なる弧」の数は偶数です。以上証明終わり。

●他にもたくさん方法はあります！

 他にもたくさん解法はあると思います。この問題の特色は、次章以降に登場する「背理法」「数学的帰納法」のような定型的な証明方法を利用するのではなく、自分で手順を考えだして、問題を変形して証明する考え方が必要な点だと思います。

●もっとやさしい問題がある？

 これらの他にも、球の中の四面体の問題（P.98参照）や確率の問題（P.154参照）がもっともやさしい問題だという見方もあるようですが、筆者には「もっともやさしい」というほどやさしい問題には思えません。

 特にむずかしい仕掛けも必要ではなく、論理的に手順を述べさえすれば解くことができるこの問題こそ、もっともやさしい問題だと思います。

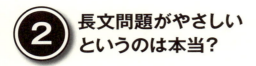
長文問題がやさしい というのは本当?

●長文問題が出題される意味

　第1問は小学生でも解けそうな問題でしたが、今度は中高生なら解けそうな問題です。これは、ここ数年の問題の中で最長の問題の1つです。

　一見むずかしそうに見えますが、実はかなり簡単です。「長文問題の多くは実は簡単な問題」という好例です（そうではない問題もありますが…）。

　この問題には図が1つ示されていますが、ほとんどの入試問題には図が示されません。それは、数学入試では、「計算できるか」ということの他に、「文章を読み解く力」「図を描く力」が試されているからです。長い文章を読み解くのも試験の一部なのです。ということは、読み解ければ後は簡単、という問題もあるかもしれません。この問題も題意を表す図を描いた方がわかりやすいでしょう。

●とにかくまずは具体的に!

　(1) は、「円の直径を $r:1-r$ で内分して2つの円をつくり、その2つの円の周の長さの和を求めよ」というものです。まずは具体的に周の長さを計算しましょう。

　最初の半径1の円の円周は 2π であり、1回目の操作 (P) を行うと、2つの円の半径はそれぞれ r と $1-r$ になり、その円周の和は次のようになります。

難易度**A**

r は $0<r<1$ をみたす実数、n は 2 以上の整数とする。平面上に与えられた 1 つの円を、次の条件①②をみたす 2 つの円で置き換える操作(P)を考える。

① 新しい2つの円の半径の比は $r:1-r$ で、半径の和はもとの円の半径に等しい。

② 新しい2つの円は互いに外接し、もとの円に内接する。

以下のようにして、平面上に 2^n 個の円をつくる。

・ 最初に、平面上に半径1の円を描く。

・ 次に、この円に対して操作(P)を行い、2つの円を得る(これを1回目の操作という)。

・ k 回目の操作で得られた 2^k 個の円のそれぞれについて、操作(P)を行い、2^{k+1} 個の円を得る($1 \leq k \leq n-1$)。

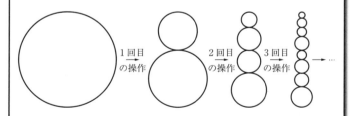

(1) n 回目の操作で得られる 2^n 個の円の周の長さの和を求めよ。

(2) 2回目の操作で得られる4つの円の面積の和を求めよ。

(3) n 回目の操作で得られる 2^n 個の円の面積の和を求めよ。

(2007年文科)

$$2\pi r + 2\pi(1-r) = 2\pi$$

 つまり、操作 (P) を行っても円周の和は変わりません。したがって円周の和は「いつでも 2π」であることがわかりました。「2回やって変わらないなら n 回やっても変わらない」のです。下図に半径と円周の計算のしくみを示します。「円の周の長さ= $2\pi r$」という公式は中学数学で習うので、これは中学生でも解ける問題です。

 (2)は、2回操作した後の面積の和を求める問題です。これも中学数学レベルの問題です。こちらもまず具体的に計算しましょう。最初の半径1の円の面積は π です。操作(P)を1回行うと、2つの円の半径はそれぞれ r と $1-r$ なので、その面積の和 S_1 は次のようになります。

$$S_1 = \pi r^2 + \pi(1-r)^2 = \pi[r^2 + (1-r)^2] = \pi(2r^2 - 2r + 1)$$

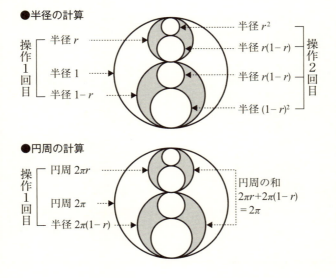

●半径の計算

操作1回目 ─ 半径 r / 半径 1 / 半径 $1-r$

操作2回目 ─ 半径 r^2 / 半径 $r(1-r)$ / 半径 $r(1-r)$ / 半径 $(1-r)^2$

●円周の計算

操作1回目 ─ 円周 $2\pi r$ / 円周 2π / 半径 $2\pi(1-r)$

円周の和 $2\pi r + 2\pi(1-r) = 2\pi$

操作(P)をもう1回行うと、4つの円の半径はそれぞれ
$$r^2、r(1-r)、(1-r)r、(1-r)^2$$
なので、その面積の和 S_2 は次のようになります。

$$S_2 = \pi r^4 + 2\pi r^2(1-r)^2 + \pi(1-r)^4$$
$$= \pi[r^4 + 2r^2 \times 2(1-r) + (1-r)^4]$$
$$= \pi[r^2 + (1-r)^2]^2$$

●ここに気がつくと…

これは S_1 の $[r^2+(1-r)^2]$ ($\equiv R$) 倍です。したがって S_3 は S_2 の R 倍であり、

$$S_n = \pi(2r^2 - 2r + 1)^n$$

となります。これが(3)の答えです。これだけで終わりです。

［補足］

厳密にはこの関係の証明に、高校数学で学ぶ「数学的帰納法」という手法を利用します。しかし、数学的帰納法による証明が絶対に必要ということもないでしょう。

連結した4つの線分の中継点が動く領域の面積を求める問題

●**中学生でも解ける問題**

少し古いのですが、三角形の辺の長ささえわかれば解けてしまうので、中学生でも解ける問題です。

難易度AA

平面上に2定点 A、B があり、線分 AB の長さ $\overline{AB}$ は $2(\sqrt{3}+1)$ である。この平面上を動く3点 P、Q、R があって、つねに

$$\overline{AP} = \overline{PQ} = 2, \quad \overline{QR} = \overline{RB} = \sqrt{2}$$

なる長さを保ちながら動いている。このとき、点 Q が動きうる範囲を図示し、その面積を求めよ。

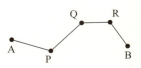

(1982年文科)

●**まずは図を描いてみよう!**

この問題も「図を正しく描く」ことから始まります。まずわかるのは、点P、点Rの許容領域です。AB間の距離の数値が何か訳アリのようです。

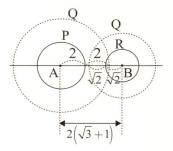

●ここに気がつくと…その1

その外側に、「PQ、RQ が直線状につながっている場合の限界領域」を描いてみます。この場合、この連鎖は両方の領域が重なる場合のみ、Q でつながることができます。これが「点 Q が動きうる範囲」です。これを領域 D とします。

●ここに気がつくと…その2

領域 D と △AQB を重ねて描くと次のようになります。領域 D は2つの扇形の重なる部分であり、その面積は両方の扇形の面積 (S_A、S_B) の和から四辺形 AQBQ' の面積を差し引いたものです。点 Q から線分 AB に垂線を下ろして考えると、は右下図のように辺の長さが決まり、それによって、∠QAB、∠QBA も決まります。この三角形の辺の長さは中学数学の範囲でわかります。

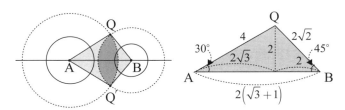

したがって、求める面積 $S(D)$ は次の通りです。

$$S(D) = S_A + S_B - 2\triangle AQB$$
$$= \pi(4)^2 \times \frac{60°}{360°} + \pi(2\sqrt{2})^2 \times \frac{90°}{360°} - \frac{1}{2} \cdot 2(\sqrt{3}+1) \cdot 2 \times 2$$
$$= \frac{16}{6}\pi + \frac{8}{4}\pi - 4(\sqrt{3}+1) = \frac{14}{3}\pi - 4(\sqrt{3}+1)$$

円周率の近似値を求める史上3番目に短い問題

● **受験生もアッと驚いたとっても短い問題！**

中学生レベルの知識でも解けるはずの問題をもう1題紹介します。さてどうやって解きましょうか。

難易度**AA**

円周率が 3.05 より大きいことを証明せよ。

（2003年理科）

● **円周率とは何か！**

この問題はわずか21文字の短いものです。2006年に京大理系後期で「tan 1°は有理数か」というわずか11文字の問題（P.38参照）が出題されるまでは、史上最短の入試問題ではないかといわれていたのですが、1993年にお茶の水女子大で「$\cos 2\pi/5$ を求めよ」という12文字の問題（P.116参照）が出題されているので、筆者の知る限り史上3番目に短い問題です。

この問題は、2002年の小学校学習指導要領の改訂で、「円周率は3で計算してもよい」とされたことに対する、「円周率は3じゃない！」という東大のアンチテーゼではないかといわれています（そ

の後「円周率は3.14」と明記され、「円周率は3で計算してもよい」という記述は削除されました）。

円周率はネピアの数「e」と並んで、無限に続いて一度も数字が繰り返さない「無限小数」の1つであり、その無限さが数学の神秘性の1つでもあります。30桁まで示しておきます。

π=3.14159 26535 89793 23846 26433 83279 …

e=2.71828 18284 59045 23536 02874 71352 …

●ここに気がつくと…その1

円周率とは円周の長さの直径に対する比です。したがって、

円周の長さが直径の 3.05 倍より大きい

ことを示せばよいわけです。それには、「円に内接する正多角形X」を考えて、

正多角形の周の長さが外接円の「直径の 3.05 倍より大きい」

または、

正多角形の周の長さが外接円の「半径の 6.1 倍より大きい」

ということを示せばよいわけです。

●円周の長さ
円周 $2\pi r \fallingdotseq 6.28r$

●正方形の場合
周の長さ=$4\sqrt{2}r \fallingdotseq 5.64r$

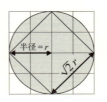

●正6角形の場合
周の長さ = $6r$

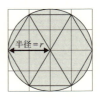

周の長さが簡単にわかる正多角形がよいのですが、下図に示す通り、正方形や正6角形の周の長さは外接円の半径の6倍以下なので、この証明には使えません。もっと辺の数が多く、円に近い正8角形や正12角形が必要です（正10角形では計算が面倒になります）。

●ここに気がつくと…その2

　ここで、中学3年で学ぶ平方根とピタゴラスの定理さえわかっていれば解ける方法を紹介します。この解法では 正12角形 を利用します。この場合、1辺をのぞむ中心角が30°であり、計算が簡単なのです。

　正12角形の周の長さは1辺の長さの12倍であり、下図の縦長の直角三角形の斜辺の長さを求めて12倍すれば、正12角形の周の長さが得られます。

　要するに、頂角が30°の二等辺三角形の底辺の長さを求めればいいわけで、三角関数を使えばそうむずかしい話ではないのですが、とりあえず中学数学にこだわります。

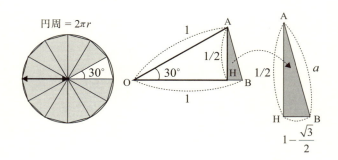

下図で OH の長さは容易に得られるので、△AHB にピタゴラスの定理を適用すれば AB の長さ a が得られます。$12a$ が正 12 角形の周の長さです。

$$\begin{cases} OH = \dfrac{\sqrt{3}}{2} \\ OB = 1 \end{cases} \Rightarrow HB = 1 - \dfrac{\sqrt{3}}{2}$$

$$a^2 = \left(\dfrac{1}{2}\right)^2 + \left(1 - \dfrac{\sqrt{3}}{2}\right)^2 = 2 - \sqrt{3} = 2 - 1.732 = 0.268$$

$$(12a)^2 = 38.59 > 37.21 = 6.1^2$$

$$\therefore \begin{cases} 12a > 6.1 \\ 2\pi \cdot 1 > 12a \end{cases} \Rightarrow \pi > 3.05$$

　中学数学では開平法や二重根号処理が使えないので、2 乗のままで比較しました。これで、「円に内接する正 12 角形の周の長さは外接円の半径の 6.1 倍以上であり、円周の長さはこれより大きいので、円周率の値は 3.05 より大きい」ということが証明できました。

　高校数学における二重根号処理を使えば、正 12 角形の周の長さが 6.1 より大きいことを直接示せて、もう少しきれいに解くことができます。

$$a = \sqrt{2 - \sqrt{3}} = \sqrt{\dfrac{4 - 2\sqrt{3}}{2}} = \dfrac{\sqrt{3} - 1}{\sqrt{2}} = \dfrac{\sqrt{6} - \sqrt{2}}{2}$$

$$12a = 6\sqrt{2}\left(\sqrt{3} - 1\right) = 6 \times 1.414 \times 0.732 = 6.21 > 6.1$$

$$\therefore \begin{cases} 12a > 6.1 \\ 2\pi \cdot 1 > 12a \end{cases} \Rightarrow \pi > 3.05$$

　この方法では正 8 角形でも解けますし、高校数学の三角関数を使うともっと見通しよく解くことができます。

変数をどんどん切り替えて最小値を得る問題

●少し古いが当時もっとも簡単といわれた問題

東大入試問題は「変数の切り替え」の問題が多く、さらに「できることなら微積分を使わないで済ます」という問題が多いと思います。少し古いのですが、この問題はその典型例です。

難易度 **B**

すべての正の実数 x, y に対し
$$\sqrt{x} + \sqrt{y} \leq k\sqrt{2x+y}$$
が成り立つような実数 k の最小値を求めよ.

（1995年文理共通）

[ヒント] 変数の数を減らすのが第一歩です。

●ここに気がつくと…

$x, y > 0$ であり、これ以外に制限がないので、これは非常に解きやすい問題です。$x > 0$ なので、両辺を x の平方根で割ると変数を1つにまとめることができます。

$$\begin{cases} \sqrt{x} + \sqrt{y} \leq k\sqrt{2x+y} \\ x, y > 0 \end{cases} \Rightarrow 1 + \sqrt{\frac{y}{x}} \leq k\sqrt{2 + \frac{y}{x}}$$

$$\begin{cases} \dfrac{y}{x} \equiv z \\ 1 + \sqrt{z} \leq k\sqrt{2+z} \end{cases} \Rightarrow \begin{cases} z > 0 \\ 0 < \dfrac{1+\sqrt{z}}{\sqrt{2+z}} \leq k \end{cases}$$

この変換では、2乗しても平方根が残ります。違う変換を考えます。

$$\begin{cases} \dfrac{y}{x} \equiv z^2 \\ 1+z \leq k\sqrt{2+z^2} \end{cases} \Rightarrow \begin{cases} z>0 \\ 0 < \dfrac{1+z}{\sqrt{2+z^2}} \leq k \end{cases} \Leftrightarrow \begin{cases} z>0 \\ 0 < \dfrac{(1+z)^2}{2+z^2} \leq k^2 \end{cases}$$

この z の関数の最大値がわかれば、それが k^2 の最小値です。分数式の最大値を調べる場合は、分子の次数を分母より下げるか、分母の最小値を求めることを考えますが、$z+1 \equiv t$ とおいて分子を1にして分母の最小値を求める方が簡単そうです。

$$\begin{cases} f(z) = \dfrac{(1+z)^2}{2+z^2} \\ t \equiv z+1 \end{cases} \Rightarrow f(z) = \dfrac{t^2}{2+(t-1)^2} \equiv g(t)$$

$$u \equiv \dfrac{1}{t} \Rightarrow g(t) = \dfrac{t^2}{t^2-2t+3} = \dfrac{1}{1-\dfrac{2}{t}+\dfrac{3}{t^2}} = \dfrac{1}{1-2u+3u^2}$$

t を u に置き換えると分母が2次式に帰着できて、これで微分なしで分母の最小値が決まり、$f(z)$ の最大値が決まります。

$$h(u) \equiv 1-2u+3u^2 = 3\left(u^2-\dfrac{2}{3}u\right)+1 = 3\left(u-\dfrac{1}{3}\right)^2+\dfrac{2}{3}$$

$$\Rightarrow h_{MIN} = \dfrac{2}{3} \ \left(u=\dfrac{1}{3}\right) \Rightarrow g_{MAX} = \dfrac{3}{2}\ (t=3) \Rightarrow f_{MAX} = \dfrac{3}{2}\ (z=2)$$

$$\Rightarrow k^2 \geq \dfrac{3}{2}\ (y=4x) \Rightarrow k \geq \sqrt{\dfrac{3}{2}} = \dfrac{\sqrt{6}}{2}$$

$y=4x$ を満たす場合にこの最大値が得られるということです。微分なしで解ければこれほど楽な話はありません。

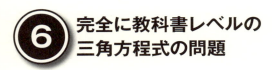

完全に教科書レベルの三角方程式の問題

●三角関数と方程式を組み合わせただけの問題！

　この問題は、そのまま教科書に載っていそうな問題です。直感さえ必要なく、普通に解けば解ける問題です。

難易度 A

2つの放物線
$$y=2\sqrt{3}\,(x-\cos\theta)^2+\sin\theta$$
$$y=-2\sqrt{3}\,(x+\cos\theta)^2-\sin\theta$$
が相異なる2点で交わるようなθの範囲を求めよ。ただし、$0°<\theta\leq 360°$とする。

（2002年文理共通）

●やれるところから手をつけよう！

　2つの方程式を並置してyを消去し、解を求めます。注意事項は1つだけ、それは「放物線」とあるので、「x、yは実数である」ということです。したがって、方程式を解くと同時に判別式から得られる不等式を解かなければなりません。

$$\begin{cases} y=2\sqrt{3}(x-\cos\theta)^2+\sin\theta \\ y=-2\sqrt{3}(x+\cos\theta)^2-\sin\theta \end{cases}$$

$$2\sqrt{3}(x-\cos\theta)^2+\sin\theta=-2\sqrt{3}(x+\cos\theta)^2-\sin\theta=0$$

$$4\sqrt{3}(x^2+\cos^2\theta)+2\sin\theta=0 \Rightarrow x^2+\cos^2\theta+\frac{1}{2\sqrt{3}}\sin\theta=0$$

方程式の解を求めよという指示はないので、これ以上解き進める必要はなく、相異なる2つの実数解が存在する条件を求めれば済みます。それには判別式を適用するだけです。

$$D = -4\left(\cos^2\theta + \frac{1}{2\sqrt{3}}\sin\theta\right) > 0$$
$$\Rightarrow 2\sqrt{3}\left(1 - \sin^2\theta\right) + \sin\theta < 0$$
$$\Rightarrow 2\sqrt{3}\sin^2\theta - \sin\theta - 2\sqrt{3}$$
$$= \left(2\sin\theta + \sqrt{3}\right)\left(\sqrt{3}\sin\theta - 2\right) > 0$$
$$|\sin\theta| \leq 1 \Rightarrow \left|\sqrt{3}\sin\theta\right| \leq \sqrt{3} \Rightarrow \sqrt{3}\sin\theta - 2 < 0$$
$$\therefore 2\sin\theta + \sqrt{3} < 0 \Rightarrow \sin\theta < -\frac{\sqrt{3}}{2}$$
$$0 < \theta \leq 2\pi \Rightarrow \frac{4}{3}\pi < \theta < \frac{5}{3}\pi$$

上の計算で $\sin\theta$ の範囲を絞り込むのが下左図、θ の範囲を絞り込むのが下右図です。

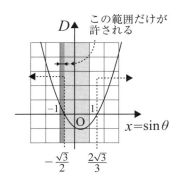
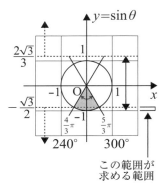

視点を切り替えると解ける！クイズのような図形問題

●直感が働けば解ける問題！

視点の切り替えが必要な問題です。本問と次問はどちらも「直感が働けば解ける問題」です。

本問は、中学生だろうが高校生だろうが社会人であろうが、「見たことがなければ解けない」かもしれません。空間図形が得意なら中学生でも解けます。話題として非常におもしろい問題ではないでしょうか。内容的には早大の問題の方がわかりやすいかもしれません。

> 難易度AA
>
> △ABCは鋭角三角形とする。このとき、各面すべてが△ABCと合同な四面体が存在することを示せ。
>
> （1999年京大／理系後期）
>
> 四面体ABCDは、4つの面のどれも3辺の長さが7、8、9の三角形である。この四面体の体積を求めよ。
>
> （2014年早稲田大／教育、改題）

［ヒント］　直方体の中に隠れている四面体の問題です。

●ここに気がつくと…

実は、直方体の中の「隣り合わない頂点を結んでできる四面体の各面はすべて合同」なのです。これで京大の問題は解答終わりです。右頁上図に示したように、辺の長さが a、b、c の直方体

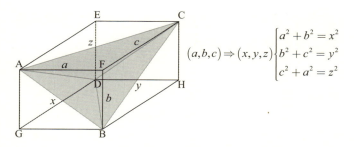

の隣り合わない4つの頂点を結んでできあがる四面体の各面はすべて、上図の右に示した関係による、各辺の長さが x、y、z の合同な三角形なのです。たとえば y は b^2+c^2 の平方根として得られます。

早大の問題の体積計算を下に示します。上図のグレーの四面体を取り去ると直方体は4つの三角錐に分かれ、その体積はそれぞれ直方体の体積の 1/6 なので、四面体の体積は直方体の体積 × $(1-1/6 \times 4 = 1/3)$ となります。したがって、直方体の各面の対角線の長さ x, y, z から順に $a^2+b^2+c^2$、a, b, c を求め、abc の積を3で割れば、四面体の体積が得られます。線分 AH などの対角線の長さは $a^2+b^2+c^2$ の平方根です。

$$a^2+b^2+c^2 = \frac{x^2+y^2+z^2}{2} = \frac{7^2+8^2+9^2}{2} = 97$$

$$\Rightarrow \begin{cases} a^2 = 97-64 = 33 \\ b^2 = 97-81 = 16 \\ c^2 = 97-49 = 48 \end{cases} \Rightarrow a^2b^2c^2 = (3 \cdot 11)(2^4)(3 \cdot 2^4)$$

$$abc = (3 \cdot 2^4)\sqrt{11} = 48\sqrt{11} \Rightarrow V = \frac{48\sqrt{11}}{3} = 16\sqrt{11}$$

視点を切り替えるとすぐに解ける連立方程式の問題

●直感でしか解けない問題!

この問題も少し古いのですが、「視点の切り替え」の観点からは非常によい問題です。類題が 2014 年に横浜市大／医で出題されました（P.34 参照）。さあ挑戦してみてください。

難易度 B

> a、b、c を相異なる数、x、y、z を連立方程式
> $$\begin{cases} x + ay + a^2 z = a^3 \\ x + by + b^2 z = b^3 \\ x + cy + c^2 z = c^3 \end{cases}$$
> の根とするとき、$a^3 + b^3 + c^3$ を x、y、z で表せ。
>
> （1964 年文理共通）

●ここに気がつくと…

この 3 本の連立方程式は、x、y、z についてのものなのですが、これらを a、b、c についての連立方程式であると考えてみましょう。すると、次のように書き直すことができます。

$$\begin{cases} a^3 - za^2 - ya - x = 0 \\ b^3 - zb^2 - yb - x = 0 \\ c^3 - zc^2 - yc - x = 0 \end{cases} \Leftrightarrow \begin{cases} t^3 - zt^2 - yt - x = 0 \\ t = a, b, c \end{cases}$$

そうすると、左頁右下に示したように、この関係式は a、b、c が t についての3次方程式 $t^3-zt^2-yt-x=0$ の解であるということを示しています。すると3次方程式の解と係数の関係から次の関係式が得られます。

$$\begin{cases} a+b+c = z \\ ab+bc+ca = -y \\ abc = x \end{cases}$$

●これはおぼえていますか？

この先では、$a^3+b^3+c^3$ を基本対称式 $a+b+c$、$ab+bc+ca$、abc で表す必要がありますが、それには「$a^3+b^3+c^3-3abc$」を因数分解する公式を利用します。これは暗記していないという前提で、解を示します。

$$\begin{aligned}
&a^3+b^3+c^3-3abc \\
&= (a+b)^3 - 3ab(a+b) + c^3 - 3abc \\
&= (a+b)^3 + c^3 - 3ab(a+b+c) \\
&= \left[(a+b+c)^3 - 3c(a+b)(a+b+c)\right] - 3ab(a+b+c) \\
&= (a+b+c)\left[(a+b+c)^2 - 3c(a+b) - 3ab\right] \\
&= (a+b+c)\left[(a+b+c)^2 - 3(ab+bc+ca)\right] \\
&= z(z^2+3y) \\
&\therefore a^3+b^3+c^3 = 3abc + z(z^2+3y) = 3x + 3yz + z^3
\end{aligned}$$

「なんとまあっ」と驚きの声が聞こえてきそうな解法です。変数の見方を切り替えると、すばらしい成果が得られる好例です。次にもっと普通の解法も紹介しますが、複雑さは倍増します。

●文字を消去して解いてみましょう!

3つの方程式を加えると $a^3+b^3+c^3$ を含む関係式が得られます。

$$\begin{cases} x+ay+a^2z = a^3 & \cdots\cdots ① \\ x+by+b^2z = b^3 & \cdots\cdots ② \\ x+cy+c^2z = c^3 & \cdots\cdots ③ \end{cases}$$

$$a^3+b^3+c^3 = 3x+y(a+b+c)+z(a^2+b^2+c^2)$$

この最後の式の $a+b+c$ と $a^2+b^2+c^2$ を x、y、z で表せればよいわけです。まず3つの方程式から x を消去します。a、b、c は相異なるので、それぞれの式を $a-b$、$b-c$、$c-a$ で割ると次の関係式が得られます。

$$\begin{cases} (a-b)y+(a^2-b^2)z = (a^3-b^3) & \cdots\cdots ①-② \\ (b-c)y+(b^2-c^2)z = (b^3-c^3) & \cdots\cdots ②-③ \\ (c-a)y+(c^2-a^2)z = (c^3-a^3) & \cdots\cdots ③-① \end{cases}$$

$$\Rightarrow \begin{cases} y+(a+b)z = a^2+ab+b^2 & \cdots\cdots ①' \\ y+(b+c)z = b^2+bc+c^2 & \cdots\cdots ②' \\ y+(c+a)z = c^2+ca+a^2 & \cdots\cdots ③' \end{cases}$$

3つの方程式を加えると y と z の関係式が得られ、差し引きすると z だけが残る関係式が3つ得られます。

$$\Rightarrow \begin{cases} 3y+2(a+b+c)z = 2(a^2+b^2+c^2)+(ab+bc+ca) \\ (a-c)z = a(a+b)-c(b+c) & \cdots\cdots ①'-②' \\ (b-a)z = b(b+c)-a(c+a) & \cdots\cdots ②'-③' \\ (c-b)z = c(c+a)-b(a+b) & \cdots\cdots ③'-①' \end{cases}$$

これらの式は対称式であり、いずれの式を解いても同じ関係式が得られます。

$$(a-c)z = a(a+b) - c(b+c) = a^2 - c^2 + b(a-c)$$
$$z = a+b+c$$

これで $a+b+c$ を z で表せたわけです。次は $a^2+b^2+c^2$ を x、y、z で表します。

$$3y + 2z^2 = 2(a^2+b^2+c^2) + (ab+bc+ca)$$

$ab+bc+ca$ も次のように z と $a^2+b^2+c^2$ で表せます。

$$2(ab+bc+ca) = (a+b+c)^2 - (a^2+b^2+c^2)$$
$$= z^2 - (a^2+b^2+c^2)$$
$$\therefore 3y + 2z^2 = 2(a^2+b^2+c^2) + \frac{1}{2}\left(z^2 - (a^2+b^2+c^2)\right)$$
$$\therefore 3y + \frac{3}{2}z^2 = \frac{3}{2}(a^2+b^2+c^2) \Rightarrow a^2+b^2+c^2 = z^2 + 2y$$

$a+b+c$ と $a^2+b^2+c^2$ を x、y、z で表せたので、$a^3+b^3+c^3$ を x、y、z で表すことができます。

$$\begin{cases} a^3+b^3+c^3 = 3x + y(a+b+c) + z(a^2+b^2+c^2) \\ z = a+b+c \\ a^2+b^2+c^2 = z^2 + 2y \end{cases}$$
$$\Rightarrow a^3+b^3+c^3 = 3x + yz + z(z^2+2y) = 3x + 3yz + z^3$$

最初の解法の方がはるかに美しく素早いでしょう。本問と非常によく似た問題が 2014 年に横浜市大/医で出題されていますが、その問題はさらに面倒です。次頁に問題と解法の概略を示します。

● **最新の類題をご紹介!**

 東大の問題は $a^3+b^3+c^3$ を x、y、z で表す問題でしたが、次の問題は逆に解を基本対称式で表す問題です。

難易度 **B**

 a、b、c を相異なる実数とする。x、y、z に関する連立3元1次方程式
$$\begin{cases} x - ay + a^2 z = a^4 \\ x - by + b^2 z = b^4 \\ x - cy + c^2 z = c^4 \end{cases}$$
を解きたい。その解を基本対称式

　$A = a+b+c$

　$B = ab+bc+ca$

　$C = abc$

を用いて表せ。

(2014年横浜市大／医)

[解説]

 この問題を a, b, c に関する方程式とみると4次方程式になります。したがって4つ目の解が必要であり、これを d とおいて得られる関係式から d を消去する方針でいけば、東大の問題と同様にして解くことができます。また、別解のように文字を消去して解くこともできます。

第 2 章

特別な道具はいらない整数問題

中学数学のテクニックを使おう！2桁整数は $10a+b$ とおく

●中学数学の道具立てだけで解ける！

整数問題は、特別な道具立てが不要であり、約数・倍数・素数などの誰でも知っている知識だけで解ける問題なので、社会人諸兄が解くにはやさしい部類の問題のはずです。その他いくつか最低限必要なテクニックは、都度ご説明します。

> 難易度 **A**
>
> 正の整数の下2桁とは、100の位以上を無視した数をいう。たとえば2000、12345の下2桁はそれぞれ0、45である。m が正の整数全体を動くとき、$5m^4$ の下2桁として現れる数をすべて求めよ。
>
> （2007年文科）

［ヒント］

中学の方程式の応用問題の中で「2桁の整数を整数 a, b を使って $10a+b$ と表す」というテクニックを学びます。これさえ知っていれば、この問題は解けます。

●まずは実際にやってみよう！

「$5m^4$」というところに秘密が隠されています。m が0から9まで動くとき、「m^4」は、そして「$5m^4$」は、どのような値をとるでしょうか。とにかく実際にやってみましょう。

(m)	(m^4)	$(5m^4)$		(m)	(m^4)	$(5m^4)$
0	→ 0	→ 00		5	→ 625	→ 25
1	→ 1	→ 05		6	→ 1296	→ 80
2	→ 16	→ 80		7	→ 2401	→ 05
3	→ 81	→ 05		8	→ 4096	→ 80
4	→ 256	→ 80		9	→ 6561	→ 05

なんと下2桁には00、05、25、80しか現れません。答えは00、05、25、80かもしれません。

●次は定石を適用します！

定石通り、2桁の整数を整数 a, b を使って $m=10a+b$ とおいて、$5m^4$ を計算してみます。するとこの「10」がうまい具合に機能してくれます。100 でくくってみましょう。

$$m^4=(10a+b)^4=(10^2a^2+20ab+b^2)^2$$
$$=100(10^2a^4+4a^2b^2+40a^3b+2a^2b^2)+b^4+40ab^3$$

これで、100 以上と 100 未満で区別して表すことができました。次にこれを5倍して、$5m^4$ がどう表されるかを調べましょう。

$$5m^4=5\times 10^2(10^2a^4+4a^2b^2+40a^3b+2a^2b^2)+5b^4+200ab^3$$
$$=10^2\times[5\times(10^2a^4+4a^2b^2+40a^3b+2a^2b^2)+2ab^3]+5b^4$$

なんと、先ほど調べた $5b^4$ 以外は 100 の倍数となってしまいました。$5m^4$ の下2桁は b を1桁目の数字とした $5b^4$ の下2桁に一致し、本問の答えは 00、05、25、80 となりました。このように、小手調べ的な分析はかならずどこかで生きてくれます。

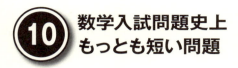

数学入試問題史上もっとも短い問題

●受験生もアッと驚いた短い問題をもう1題！

　史上3番目に短い問題は P.20 で紹介しましたが、今度の史上最短の数学入試問題は、中学生には解けない高校数学の問題です。「有理数かどうか証明せよ。」ではなく「有理数か。」という唐突な終わり方は、字数を抑えるためのものでしょうか。

> 難易度 **B**
>
> $\tan 1°$ は有理数か。
>
> （2006年京大／理系後期）

［ヒント］

　背理法といって、間違った仮定から導かれる間違った結論を示して、その過程の間違いを証明する方法を利用します。この場合は「$\tan 1°$ は有理数である」と仮定して矛盾を導き出します。

●有理数とは何か！

　数学に詳しくない読者でしたら、まずこの言葉に引っかかるでしょう。有理数の定義は「分数で表すことができる数」です。この形の分数は、小数で表すと有限桁で終わるか、「循環小数」といって小数部分の一部が繰り返される小数になります。逆に「分数で表すことのできない小数」は、繰り返しのない数字が無限に続きます。

　そこで、「$\tan 1°$ は有理数である」と仮定して、普通は $= b/a$（a

と b は互いに素な整数）としておいて間違った結論に導くのですが、この問題ではこの方法はうまくはいきません。背理法の次に、別の方法を考えます。

●ここに気がつくと…

分数の形で表すことができる有理数を加減乗除したものは有理数になるので、この問題では「tan 1°の加減乗除」を考えます。それにうってつけの関係式が、高校数学の常識である「正接(*tangent*) に関しての加法定理」です。

$$\tan(\alpha + \beta) = \frac{\tan \alpha + \tan \beta}{1 - \tan \alpha \tan \beta}$$

tan 1°を有理数であると仮定し、さらに tan n°を有理数であると仮定すると、分数の形で表すことができる有理数を tan の加法定理を使って加算したものは有理数になるので、tan (n+1)°は有理数になります。この過程は「数学的帰納法」（P.51 参照）です。

そうすると、自然数の正接はすべて有理数であることになりますが、tan 60°=$\sqrt{3}$ =1.732…は無理数なので矛盾します。これは tan 1°を有理数と仮定したことから生じたので、tan 1°は無理数です。証明終わり。

［補足］

つまりこの問題の証明では「背理法」「数学的帰納法」「tan の加法定理」の3つを巧妙に組み合わせる必要がありました。これら3つを知っていても、結論まで行くのはなかなかたいへんかもしれません。

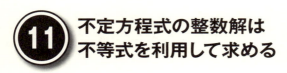

11 不定方程式の整数解は不等式を利用して求める

● まずは試行錯誤を!

難易度 **B**

(1) 次の方程式を満たす正の整数の組(x, y, z)で、$x \leq y \leq z$となるものをすべて求めよ。

$x + y + z = xyz$

(2) 次の方程式を満たす正の整数の組(x, y, z)で、$x \leq y \leq z$かつ$y \leq 3$となるものをすべて求めよ。

$x^2 + y^2 + z^2 = xyz$

（2006年文理一部共通、(1)は文科、(2)は理科、いずれも改題）

見慣れていないと何が何だかわからないかもしれませんが、「3つの整数の1乗和あるいは2乗和がそれらの積に等しい」というのはかなり強い条件です。一般的に、いくつかの数の「積は和より大きい」はずなので、この関係が成立するのは「かなり小さい整数」ではないかという見当がつきます。

［ヒント］

1、2、3などを入れてみると、いくつかの解は見つかります。

● まずは実際にやってみよう!

適当に数字をあてはめてみると、(1) は $(x, y, z) = (1, 2, 3)$、(2) は $(x, y, z) = (3, 3, 3)$ が満たしますが、これが全部ではないでしょ

う。でも試してみることは非常に重要です。

方程式をいくら眺めても先に進めそうもありませんが、(1)は不等式「$x \leq y \leq z$」を使って範囲を絞る、という考え方が適用できそうです。これを適用すると、

$$x+y+z=xyz \leq 3z \quad \text{または} \quad x+y+z=xyz \leq z^3$$

という関係が得られ、これらから次の関係が得られます。

$$x+y+z=xyz \leq 3z \quad \Rightarrow \quad x+y \leq 2z、xy \leq 3、$$
$$xyz \leq z^3 \quad \Rightarrow \quad xy \leq z^2$$

x, y, z は正の整数なので、未知数の数が少ない2番目の関係「$xy \leq 3$、$x \leq y$」から始めるのがもっとも簡単そうです。この関係を満たす正の整数の組は、$(x,y)=(1,1)$、$(1,2)$、$(1,3)$ の3通りしかありません。かなり絞られてきました。

○$(x,y)=(1,1)$:

$x+y+z=2+z \neq z$ なので、これは成立しません。

○$(x,y)=(1,2)$:

$x+y+z=3+z=2z$、$z=3$、$(x,y,z)=(1,2,3)$ が題意を満たします。

○$(x,y)=(1,3)$:

$x+y+z=4+z=3z$、$z=2<y=3$ なので、これは題意に反します。

したがって、$(x,y,z)=(1,2,3)$ が唯一の答えです。

(2) では、$x^2+y^2+z^2=xyz$ と $x \leq y \leq z$、$y \leq 3$ を満たす正の整数の組を探します。文系問題と同様のテクニックを使ってみます。

$$x^2+y^2+z^2=xyz \leq 3z^2、x^2+y^2+z^2=xyz \leq z^3$$

これらの不等式から次の不等式が得られます。

$$x^2+y^2 \leq 2z^2、xy \leq 3z、xy \leq z^2$$

どうも使いやすい条件が出てきません。ただし、$y \leq 3$ という上限を利用すると、(x,y) を絞り込めます。$1 \leq x \leq y \leq 3$ の関係を満たす (x,y) の組み合わせは、$(x,y)=(1,1)、(1,2)、(1,3)、(2,2)、(2,3)、(3,3)$ のたかだか6通りしかありません。これらと「$x^2+y^2+z^2=xyz$、$1 \leq x \leq y \leq z$」から z を求めてみましょう。

○$(x,y)=(1,1)$:

　$2+z^2=z \Rightarrow z^2-z+2=0 \Rightarrow D<0$、自然数 z は存在しない。

○$(x,y)=(1,2)$:

　$5+z^2=2z \Rightarrow z^2-2z+5=0 \Rightarrow D<0$、自然数 z は存在しない。

○$(x,y)=(1,3)$:

　$10+z^2=3z \Rightarrow z^2-3z+10=0 \Rightarrow D<0$、自然数 z は存在しない。

○$(x,y)=(2,2)$:

　$8+z^2=4z \Rightarrow z^2-4z+8=0 \Rightarrow D<0$、自然数 z は存在しない。

○$(x,y)=(2,3)$:

　$13+z^2=6z \Rightarrow z^2-6z+13=0 \Rightarrow D<0$、自然数 z は存在しない。

○$(x,y)=(3,3)$:

　$18+z^2=9z \Rightarrow z^2-9z+18=0 \Rightarrow (z-3)(z-6)=0 \Rightarrow z=3、6$

　したがって、解は $(x,y,z)=(3,3,3)、(3,3,6)$ のみとわかります。

●ここに気がつくと…

　上の解は最後はすべて判別式による実数判断で解を得ました。(2)を z に関する2次方程式とみて、判別式で (x,y) に対する条件を求めてみます。

$$z^2 - xyz + x^2 + y^2 = 0$$
$$D = (xy)^2 - 4(x^2+y^2) \geq 0$$

$x^2=X$、$y^2=Y$ とおくと、不等式は次のように書けて、$x^2=X$、$y^2=Y$ の範囲が得られます。

$$XY-4(X+Y)=(X-4)(Y-4)-16 \geq 0$$
$$\Rightarrow (X-4)(Y-4) \geq 16 \Rightarrow (x^2-4)(y^2-4) \geq 16$$

$x^2, y^2 \geq 1$ なので、x^2-4、$y^2-4 \geq 4 \Rightarrow x^2, y^2 \geq 8$ から $x, y \geq 3$ がわかり、$3 \leq x \leq y \leq 3$ から $x=y=3$ が得られます。これを元の方程式に代入すると、

$$z^2-xyz+x^2+y^2=z^2-9z+18=(z-3)(z-6)=0 \Rightarrow z=3、6$$

したがって、解は $(x,y,z)=(3,3,3)$、$(3,3,6)$ のみとわかります。

［補足］

本問は、1994 年に証明された「3 以上の自然数 n について、$x^n+y^n=z^n$ となる自然数 (x, y, z) の組は存在しない」という「フェルマーの大定理」を題材にしたものです。

本問は、一般的には「不定方程式の整数解」と呼ばれるものです。方程式は一般的には未知数の数だけ方程式があれば解くことができますが、方程式の数が未知数の数より少ないと、一般的には解けません。しかし「解が整数」という条件を加えると、解ける方程式が数多くあります。「目の子」でいくつかの解が得られるので、まずそれらを探すのが手始めです。

（1）は 2004 年東京女子大では、不等式「$x \leq y \leq z$」なしで出題されました。その場合にはまずこの不等式を仮定して解いてから一般化します。$x \leq y \leq z$ を仮定して、$(x,y,z)=(1,2,3)$ を求め、$x \leq y \leq z$ の条件を外した $(x,y,z)=(1,2,3)$、$(1,3,2)$、$(2,1,3)$、$(2,3,1)$、$(3,1,2)$、$(3,2,1)$ が解というわけです。

不等式を利用して不定方程式の整数解を求める…その2

● **この問題もまずは試行錯誤!**

前問よりは解きやすい、不定方程式の整数解の問題を2題紹介します。この問題には前問のような不等式の条件がないので、前頁末尾に述べたように、不等式を仮定して解いて、最後に一般化します。

難易度 **A**

(1) $\dfrac{1}{x}+\dfrac{1}{y}=1$ をみたす自然数 x,y の組み合わせをすべて求めよ。

(2) $\dfrac{1}{x}+\dfrac{1}{y}+\dfrac{1}{z}=1$ をみたす自然数 x,y,z の組み合わせをすべて求めよ。

(頻出有名問題)

[ヒント]

この問題も1、2、3などを入れてみると、いくつかの解は見つかります。ちゃんと解くには $x \leqq y$ などと仮定して解きます。

● **不等式を仮定して解く!**

この問題も、数字をあてはめてみると、(1) は $(x,y)=(2,2)$、(2) は $(x,y,z)=(3,3,3)$ がそれぞれ1つの解です。

(1)では、まず $x \leqq y$ と仮定すると、$1/y \leqq 1/x$ であり、次の2つの不等式が得られます。

$1 \leq 2/x$、$2/y \leq 1 \Rightarrow x \leq 2$、$y \geq 2$

$x \geq 1$ と上の $x \leq 2$ から $x=1, 2$ がわかり、これらを最初の方程式に代入します。

$x=1$: $1/y=0$ となって解なし。

$x=2$: $1/y=1/2 \Rightarrow y=2$。

したがって解は $(x,y)=(2,2)$ となります。この解から $x \leq y$ の仮定を除いても、解は変わりません。

(2)では、まず $x \leq y \leq z$ と仮定すると、$1/z \leq 1/y \leq 1/x$ であり、x と z についての不等式が得られます。

$1 \leq 3/x$、$3/z \leq 1 \Rightarrow x \leq 3$、$z \geq 3$

$x \geq 1$ と上の $x \leq 3$ から $x=1, 2, 3$ がわかり、これらを最初の方程式に代入します。

○$x=1 \Rightarrow 1/y+1/z=0$、$y, z \geq 1$ から解なし。

○$x=2 \Rightarrow 1/y+1/z=1/2$、$1/z \leq 1/y$ から $1/2 \leq 2/y \Rightarrow x=2 \leq y \leq 4$。

$y=2$ は $1/z=0$ から不適。$y=3$ のとき、$1/z=1/6$ から $z=6$。

$y=4$ のとき、$1/z=1/4$ から $z=4$。

○$x=3 \Rightarrow 1/y+1/z=2/3$、$1/z \leq 1/y$ から $2/3 \leq 2/y \Rightarrow x=3 \leq y \leq 3$。

$y=3$ のとき、$1/z=1/3$ から $z=3$。

したがって、$(x,y,z)=(2,3,6)$、$(2,4,4)$、$(3,3,3)$

この解から $x \leq y \leq z$ の仮定を除くと、解は次のようになります。

$(x,y,z)=(2,3,6)$、$(2,6,3)$、$(3,2,6)$、$(3,6,2)$、$(6,2,3)$、$(6,3,2)$、

$(2,4,4)$、$(4,2,4)$、$(4,4,2)$、$(3,3,3)$

不等式を利用して不定方程式の整数解を求める…その3

● **今度は因数分解と素因数分解の利用!**

いよいよ、難関大の整数問題に挑戦です。

難易度 **C**

(1) 自然数 x, y は、$1 < x < y$ および
$$\left(1+\frac{1}{x}\right)\left(1+\frac{1}{y}\right)=\frac{5}{3}$$
をみたす。x, y の組をすべて求めよ。

(2) 自然数 x, y, z は、$1 < x < y < z$ および
$$\left(1+\frac{1}{x}\right)\left(1+\frac{1}{y}\right)\left(1+\frac{1}{z}\right)=\frac{12}{5}$$
をみたす。x, y, z の組をすべて求めよ。

(2011年一橋大)

[ヒント]

分母を払って式を展開し、左辺に式を、右辺に数を集めてから、左辺を因数分解、右辺を素因数分解します。

● **簡単に解けそうもない場合は分母を払う!**

(1)の分母を払って展開し、左辺に式を、右辺に数を集めます。

$3(x+1)(y+1) = 5xy$

$2xy - 3x - 3y = 3 \Rightarrow 4xy - 6x - 6y = 6$

$(2x-3)(2y-3) = 15$

ここまで式を変形できれば半分完成です。右辺の整数を因数分解すると $15=3\times 5$ であり、左辺の2つの因数は 3 か 5 になります。

またこの問題では不等式に等号が入っていない分簡単です。$1<x<y$ から、$x\geqq 2$, $y\geqq 3$ がわかります。したがって、$2x-3\geqq 1$, $2y-3\geqq 3$ がわかり、$x<y$ から $2x-3<2y-3$ なので、組み合わせは次の2つしかありません。

$$(2x-3, 2y-3)=(1,15)、(3,5)$$

したがって、

$$(x,y)=(2,9)、(3,4)$$

となります。

(2)では、(1)と同様の方法でも解けますが、3変数の因数分解は面倒なので、すべて最大・最小のものに置き換えて、条件を満たす x と z の範囲を求めてみます。

$$1<x<y<z \Rightarrow \frac{1}{x}>\frac{1}{y}>\frac{1}{z}>1$$

$$\left(1+\frac{1}{z}\right)^3<\frac{12}{5}=2.4=\left(1+\frac{1}{x}\right)\left(1+\frac{1}{y}\right)\left(1+\frac{1}{z}\right)<\left(1+\frac{1}{x}\right)^3$$

$$f(n)\equiv\left(1+\frac{1}{n}\right)^3 \Rightarrow f(3)=\left(\frac{4}{3}\right)^3=\frac{64}{27}<2.4<\frac{27}{8}=\left(\frac{3}{2}\right)^3=f(2)$$

$$\therefore f(3)<2.4<f(2) \Rightarrow \begin{cases}x\leq 2\\ z\geq 3\end{cases} \Rightarrow \begin{cases}x\leq 2\\ x>1\end{cases} \Rightarrow x=2$$

x が決まると「$(1+1/y)(1+1/z)=8/5$」となって(1)と同様に解けます。$(3y-5)(3z-5)=40$ が得られ、$(3y-5, 3z-5)=(4,10)、(5,8)$ が得られて、$(x,y,z)=(2,3,5)$ となります。

因数分解を利用すると解ける整数問題

●文字と数字を各辺に分離します!

因数分解さえできれば解ける、一橋大のおもしろい問題を紹介します。同大は整数問題の頻出校です。文字と数字を各辺に分離するのは整数問題を解く場合の定石です。分離して、文字は因数分解、数字は素因数分解すると先が見えてきます。

難易度 **C**

2以上の整数 m、n は $m^3+1^3=n^3+10^3$ をみたす。m、n を求めよ。

（2009年一橋大）

[ヒント]

この問題では、

$$m^3-n^3=(m-n)(m^2+mn+n^2)$$

という因数分解を利用します。

●できることからやってみよう!

文字と数字を各辺に分離すると、両辺で因数分解・素因数分解ができるようになります。

$$m^3-n^3=10^3-1$$

両辺を因数分解・素因数分解すると次のようになります。

$$(m-n)(m^2+mn+n^2)=999=3^3\times 37$$

右辺が正であることから $m>n$ がわかります。37という大きな素数が出てきてくれて先の見通しが立ちました。3^3 と 37 が $m-n$ と m^2+mn+n^2 に分配されるわけです。

●ここに気がつくと…

ここで、m^2+mn+n^2 を $m-n$ の平方とその差分に分解するのがキーポイントです。ここに気がつけば解けます。

$m^2+mn+n^2=(m-n)^2+3mn$

$m-n>0$ から $m-n \geq 1$、$m,n \geq 2$ から $mn \geq 4$ です。

∴ $m^2+mn+n^2=(m-n)^2+3mn \geq 13$

これがわかると、m^2+mn+n^2 は 27、37、111、333 のいずれかに絞られ、$m-n$ と m^2+mn+n^2 は次のうちのどれかとなります。

$(m-n, m^2+mn+n^2)=(37,27)$、$(27,37)$、$(9,111)$、$(3,333)$

ここで、$mn \geq 4$ を再度利用します。

$m^2+mn+n^2=(m-n)^2+3mn$ かつ $mn \geq 4$

∴ $m^2+mn+n^2-(m-n)^2=3mn \geq 12$

∴ $(m-n)^2 \leq m^2+mn+n^2-12$

∴ $(m-n, m^2+mn+n^2)=(9,111)$、$(3,333)$

2つの場合に絞られたので、これらから m、n を求めます。

○$m-n=9, m^2+mn+n^2=(m-n)^2+3mn=111: mn=10$

これを満たす解は $m=10$、$n=1$ であり、$n \geq 2$ からこれは不適。

○$m-n=3, m^2+mn+n^2=(m-n)^2+3mn=333: mn=108$

これを満たす解は $m=12$、$n=9$ しかなく、これが解です。道具立ては不要ですが、慣れていないと若干むずかしいかもしれません。

数学的帰納法を利用する簡単な整数の問題

●**数学的帰納法を利用するもっとも簡単な問題！**

前半は簡単な計算問題ですが、後半の命題には整数 n が含まれており、このような場合は整数 n について数学的帰納法を利用します。

難易度 **B**

a、b は実数で
$$a^2+b^2=16,\ a^3+b^3=44$$
をみたしている。このとき、

(1) $a+b$ の値を求めよ．

(2) n を2以上の整数とするとき、a^n+b^n は4で割り切れる整数であることを示せ。

（1997年文科）

［ヒント］

前半では、$a+b$ と ab に関する連立方程式に変形します。

●**できることからやってみよう！**

$a+b$ と ab に関する連立方程式に変形すると3次方程式が得られますが、これは容易に因数分解できるように定数が設定されているはずです。

案の定、因数分解できます。解が3つ得られますが、適するの

は1つだけです。最初の解「2」は目の子で探します。

$$\begin{cases} a^2+b^2=(a+b)^2-2ab=16 \\ a^3+b^3=(a+b)^3-3ab(a+b)=44 \end{cases} \begin{cases} u \equiv a+b \\ v \equiv ab \\ a,b \in R \end{cases}$$

$$\Rightarrow \begin{cases} u^2-2v=16 \Rightarrow 2v=u^2-16 \\ u^3-3uv=44 \end{cases} \Rightarrow 2u^3-3u(u^2-16)=88$$

$$\Rightarrow u^3-48u+88=(u-2)(u^2+2u-44)=0$$

$$\Rightarrow u=2, \frac{-2\pm\sqrt{4+4\cdot 44}}{2}=2,-1\pm 3\sqrt{5}$$

解が3つ得られましたが、実数 a、b は次に示す t についての2次方程式の解なので、その判別式が非負であるという条件が付きます。これを満たすのは $u=2$ だけです。

$$\begin{cases} u \equiv a+b \\ v \equiv ab \\ a,b \in R \end{cases} \Rightarrow \begin{cases} t^2-ut+v=0 \\ t=a,b \in R \end{cases} \Rightarrow \begin{cases} v=\frac{1}{2}u^2-8 \\ D=u^2-4v \geq 0 \end{cases}$$

$$\begin{cases} u=2 \\ v=-6 \end{cases} \Rightarrow D=2^2-4(-6)=28 \geq 0$$

$$\begin{cases} u=-1\pm 3\sqrt{5} \\ v=15 \mp 3\sqrt{5} \end{cases} \Rightarrow D=\left(-1\pm 3\sqrt{5}\right)^2-4\left(15\mp 3\sqrt{5}\right)$$

$$D=46\mp 6\sqrt{5}-60+12\sqrt{5}=-14\pm 6\sqrt{5}<0$$

$$\therefore \begin{cases} u=a+b=2 \\ v=ab=-6 \end{cases} \Rightarrow a+b=2$$

● 数学的帰納法をおぼえていますか?

(2) を証明するには高校数学で学ぶ「数学的帰納法」を利用しなければなりません。これはドミノ倒しのようなもので、ある命題 $p(n)$

の $n=1$ での成立を証明し、さらにその命題が「n に対して成立すれば $n+1$ においても成立する」ことを示せば、$n=1$ から始めたドミノ倒しですべての n に対してその命題が成立することが示されることになります。

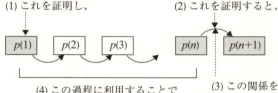

●ドミノ倒し

●整数 n に関する命題≡$p(n)$ の証明手段：数学的帰納法

(1) これを証明し、 (2) これを証明すると、

$p(1)$ → $p(2)$ → $p(3)$ → … $p(n)$ → $p(n+1)$

(4) この過程に利用することで (3) この関係を

整数に関する命題：$p(n)$ が証明されたことになります。

問題によっては $n=2$ 以上から始めたり、n、$n+1$ で成立を仮定して $n+2$ での成立を示す場合もあります。後者の場合には最初の2つの場合、つまり $n=1$、2 の場合の成立を示しておく必要があります。本問はその例です。

●ここに気がつくと…

（2）で与えられた命題 P(n) は「a^n+b^n は 4 で割り切れる整数である」というものです。まず、$n-1$、n、$n+1$ の場合についての関係式を変形します。

$$a^{n+1} + b^{n+1} = (a^n + b^n)(a+b) - a^n b - ab^n$$
$$= (a^n + b^n)(a+b) - ab(a^{n-1} + b^{n-1})$$
$$= 2(a^n + b^n) + 6(a^{n-1} + b^{n-1})$$
$$(\because a+b = 2, \quad ab = -6)$$

 すると、$n+1$ の場合の数式が $n-1$、n の場合の数式によって表されます。この関係から、$a^{n-1}+b^{n-1}$ と a^n+b^n が4で割り切れる整数である場合、$a^{n+1}+b^{n+1}$ も4で割り切れる整数であることは明らかであり、P($n-1$) と P(n) が成立すれば P($n+1$) が成立します。

 この証明では、$n-1$、n の場合から $n+1$ の場合を示したので、ドミノの倒れ始めに当たる最初の2つの場合の成立を示すことが必要です。前提条件から $n \geq 2$ なので、$n=2, 3$ の場合に a^n+b^n が4で割り切れる整数であることを示さなければなりません。しかしこれは前提条件そのものです。

 $n=2$ の場合: $a^2+b^2=16$ は4の倍数。
 $n=3$ の場合: $a^3+b^3=44$ は4の倍数。
 したがって P(n) の成立が証明されました。

「連続する整数は互いに素」を使って解く問題…その1

●連続する整数には共通因数はない!

この問題には1つだけ必要な知識があります。それは、「連続する整数は互いに素」という法則です。これは整数の世界の常識ですが、このことを証明するには「背理法」を使い慣れていなければならないので、これは本書では既知とします。この問題はこれさえ知っていれば解けます。

例を示すと、1と2に共通な約数（公約数）は1だけです。8と9にはそれぞれ多くの約数がありますが、8と9の公約数は1以外にはありません。2つの整数に1以外の公約数がある場合は、その差は2以上でなければならないのです。

難易度 **B**

3以上9999以下の奇数 a で、a^2-a が10000で割り切れるものをすべて求めよ。

（2005年文理共通）

[ヒント]

この問題では、$a^2-a = a(a-1)$ ですから a^2-a は「連続する整数の積」です。すると上に示した法則が使えます。

●できることからやってみよう!

「a^2-a が10000で割り切れる」ということは、「a^2-a が10000

の整数倍」ということであり、「10000を構成するすべての因数がa^2-aに含まれる」ということです。したがって、10000を構成するすべての因数を調べることが先決です。「$10000=10^4=2^4 \cdot 5^4$」の因数が、互いに素の奇数aと偶数$a-1$の積$a(a-1)$に含まれるということです。

● ここに気がつくと…

さてここで考えてみましょう。$10000=10^4=2^4 \cdot 5^4$が、互いに素の奇数aと偶数$a-1$の積に含まれるということから何がわかるでしょうか。

2^4はすべて偶数$a-1$に含まれ、5^4はすべて奇数aに含まれるということです。これがわかればもう解けたも同じです。m、nを正の整数として、

$a=5^4 m=625m$、$a-1=2^4 n=16n$

とおけなければなりません。そして奇数aは3以上9999以下とわかっています。したがって、かたまり625が大きいmの方を考えると、$3 \leq 625m \leq 9999$から$m=1$、2、…、15のいずれかであることがわかります。さらに、$a=625m(1 \leq m \leq 15)$に対して、$a-1$を考えると、「$a-1=625m-1=16n$」であって、625を16で割ると商39、余り1なので、

$a-1=(16 \times 39+1)m-1=16 \times 39m+(m-1)=16n$

が成立するので、$m-1$も16の倍数でなければなりません。しかし$1 \leq m \leq 15$から$0 \leq m-1 \leq 14$なので、$m-1=0, m=1$と決まってしまいます。したがって、求める整数は625となります。

「連続する整数は互いに素」を使って解く問題…その2

●連続する整数には共通因数はない！

「連続する整数は互いに素」という法則と多項式の割り算を組み合わせた問題です。

> 難易度 **B**
>
> (1) nとkを自然数とし、整式 x^n を整式 $(x-k)(x-k-1)$ で割った余りを$ax+b$とする。
>   (i) aとbは整数であることを示せ。
>   (ii) aとbをともに割り切る素数は存在しないことを示せ。
>
> （2013年京大／文系）
>
> (2) nとkを自然数とし、整式 x^n を整式 x^2-2x-1で割った余りを$ax+b$とする。
>   (i) aとbは整数であることを示せ。
>   (ii) aとbをともに割り切る素数は存在しないことを示せ。
>
> （2013年京大／理系、改題）

［ヒント］

(1)では $x^n=Q(x)(x-k)(x-k-1)+ax+b$

(2)では $x^n=Q(x)(x^2-2x+1)+ax+b$

とおくことができます。

●できることからやってみよう！

まず両方の問題の (i) を解きます。(1) では、何らかの多項式 $Q(x)$ を使って

$$f(x) = x^n = Q(x)(x-k)(x-k-1) + ax + b$$

と書けます。ここで不定の $Q(x)$ を消すには、$f(k)$ と $f(k+1)$ を計算します。すると次式が得られます。

$$k^n = ak + b$$
$$(k+1)^n = a(k+1) + b$$

これらは a と b についての連立方程式なので、a と b は次のように得られます。

$$a = (k+1)^n - k^n$$
$$b = k^n - ak$$

n と k は自然数なので a は整数、したがって b も整数です。

(2) でも、何らかの多項式 $R(x)$ を使って

$$g(x) = x^n = R(x)(x^2 - 2x - 1) + ax + b$$

と書けます。ここで不定の $R(x)$ を消すには、まず方程式

$$x^2 - 2x - 1 = 0$$

を解きます。$x = 1 \pm \sqrt{2}$ なので次式が成立します。

$$(1 + \sqrt{2})^n = a(1 + \sqrt{2}) + b$$
$$(1 - \sqrt{2})^n = a(1 - \sqrt{2}) + b$$

これらは a と b についての連立方程式なので、これらから a と b を求めることができますが、a が整数であることを示すには n が奇数か偶数か場合分けして証明を書いていくのが結構たいへんです。数学的帰納法を利用するしか方法がないようです。

●ここに気がつくと…その1

n に対応する a を a_n、b を b_n とおいて、a_n、b_n の漸化式を求めます。本来 a_n、b_n はそれぞれ a、b に一致するのですが、その一致性を一時停止して証明します。a_n、b_n の一般項を求める必要はありません。

$x = 1 \pm \sqrt{2}$ を α、β とおくと、$g(\alpha)$、$g(\beta)$ は次のように表されます。

$$\begin{cases} \alpha = 1+\sqrt{2} \\ \beta = 1-\sqrt{2} \end{cases} \Leftrightarrow \begin{cases} \alpha+\beta = 2 \\ \alpha\beta = -1 \end{cases} \Rightarrow \begin{cases} g(\alpha) = \alpha^n = a\alpha + b \\ g(\beta) = \beta^n = a\beta + b \end{cases}$$

b_{n+1} は a_n に一致します。

$$\begin{cases} a = \dfrac{\alpha^n - \beta^n}{\alpha - \beta} \equiv a_n \\ b = \dfrac{\beta\alpha^n - \alpha\beta^n}{\beta - \alpha} = \dfrac{\alpha^{n-1} - \beta^{n-1}}{\alpha - \beta} \equiv b_n \end{cases} \Rightarrow b_{n+1} = a_n$$

a_{n+1} は a_n と b_n で表されます。

$$a_{n+1} = \frac{\alpha^{n+1} - \beta^{n+1}}{\alpha - \beta} = \frac{(\alpha^n - \beta^n)(\alpha+\beta) - \beta\alpha^n + \alpha\beta^n}{\alpha - \beta}$$

$$= (\alpha+\beta)\frac{\alpha^n - \beta^n}{\alpha - \beta} - \alpha\beta\frac{\alpha^{n-1} - \beta^{n-1}}{\alpha - \beta} = 2a_n + b_n$$

$$\therefore \begin{cases} a_{n+1} = 2a_n + b_n \\ b_{n+1} = a_n \end{cases}$$

まずは $a = a_n$、$b = b_n$ の整数性を、上の関係を利用して数学的帰納法で示します。$n=1$ の場合は整数であり、n の場合に整数なら漸化式によって $n+1$ の場合も整数なので、a、b が整数であることが示されました。

次に(1)の後半を示します。

a と b がともに素数 p で割り切れると仮定して、背理法で証明します。a と b がともに素数 p で割り切れる場合、a と b は次のように表されます。

$a=pu, b=pv$ (u, v は整数)

これを「$k^n=ak+b$、$(k+1)^n=a(k+1)+b$」に代入します。

$k^n=puk+pv=p(uk+v)$

$(k+1)^n=pu(k+1)+pv=p[u(k+1)+v]$

すると k^n は p の倍数なので、k も p の倍数となり、同様に $k+1$ も p の倍数となります。しかし連続する2つの整数は互いに素なので、k と $k+1$ は公約数を持たず、これは矛盾です。したがって、a、b を割り切る素数は存在しないことが示されました。

●ここに気がつくと…その2

次に(2)の後半を示します。この命題は、数学的帰納法を逆行して利用し、背理法と組み合わせて証明します。左頁に示した漸化式を逆に解いて、a_n と b_n を a_{n+1} と b_{n+1} で表します。

$$\begin{cases} a_{n+1} = 2a_n + b_n \\ b_{n+1} = a_n \end{cases} \Rightarrow \begin{cases} a_n = b_{n+1} \\ b_n = a_{n+1} - 2b_{n+1} \end{cases}$$

a、b を割り切る素数があると仮定すると、そのときの a、b を a_n、b_n とします。すると上の逆向きの漸化式によって、次数の低い項にも a, b を割り切る素数があることになり、したがって $n=1$ の場合も a、b を割り切る素数があることになります。しかし $n=1$ の場合は $a=1$、$b=0$ であって、割り切る素数はないのでこれは矛盾です。したがって a、b を割り切る素数は存在しません。以上証明終わり。

3で割った余りを考える問題…その1

●すべての整数は3で割った余りで分類できる！

整数問題の中でもう1つ、あるテクニックさえ知っていれば簡単に解ける整数問題があります。それは「3で割った余りで数を3つの集合に分けてあつかうことができる」ということです。割り切れる数、余りが1の数、余りが2の数をそれぞれまとめてあつかう、ということです。これを、「3の剰余類」といいます。この問題には「3」という数字が出てこないのですが、この方法を知ってさえいれば、簡単に解けます。

中学数学で「2つの奇数の平方和は偶数であることを証明せよ」などの問題を解く際に、$n=2a+1$、$m=2b+1$とおいた場合の平方和が「$n^2+m^2=2(2a^2+2a+2b^2+2b+1)$」となることを示して証明しますが、これの「3での割り算版」です。

難易度 **B**

任意の整数 n に対し、$n^9 - n^3$ は9で割り切れることを示せ。

（2001年京大／文系）

［ヒント］

この問題では、$n = 3m + k$（$k = 0, 1, 2$）とおいて解きます。

●できることからやってみよう！

「$n^9 - n^3$」は何か複雑なので因数分解してみると、これを N として、

$$N = n^9 - n^3 = n^3(n^3+1)(n^3-1)$$

となります。ここで、$n=3m+k$（$k=0,1,2$）とおいて n^3 を計算してみましょう。

$$n^3 = (3m+k)^3 = 27m^3 + 27m^2k + 9mk^2 + k^3$$

●ここに気がつくと…

この式を見ると、最終項以外は 9 の倍数です。ということは M を整数として次のようにおくことができます。これがキーポイントです。

$n^3 = 9M + k^3$

∴ $n^9 - n^3 = (9M+k^3)(9M+k^3+1)(9M+k^3-1)$

ここで、$k=0,1,2$ を代入すると、いずれの場合も因数の1つが 9 を因数に持つことがわかります。

$k=0$：$N = (9M)(9M+1)(9M-1)$

$k=1$：$N = (9M+1)(9M+2)(9M)$

$k=2$：$N = (9M+8)(9M+9)(9M+7)$
   $= (9M+8)(9(M+1))(9M+7)$

したがって、いずれの場合も $9M$ または $9(M+1)$ を因数に含むので、どの場合も 9 の倍数になります。

どうです？ 3 の剰余類というのはとっても便利だと思いませんか？ この問題では、9 は出てきても 3 は出てこないのですが、「3 の剰余類」さえ知っていれば簡単に解ける問題なのです。これは整数問題ではよく使われるテクニックです。次にもう 1 題だけ類題を示しておきます。

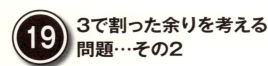

3で割った余りを考える問題…その2

● 3の剰余類を使う もう少しむずかしい問題！

前問で利用した「3 の剰余類」を使って解く、もう少しむずかしい問題を紹介します。

難易度 C

自然数 a、b はどちらも 3 で割り切れないが、a^3+b^3 は 81 で割り切れる。このような a、b の組 (a, b) のうち、a^2+b^2 の値を最小にするものと、そのときの a^2+b^2 の値を求めよ。

(2014年京大／理系)

[ヒント] $a=3m+p$、$b=3n+q$ $(p,q=1,2)$ とおいて解きます。

● できることからやってみよう！

$a=3m+p$、$b=3n+q$ $(p,q=1,2)$ とおいて a^3+b^3 を計算し、「a^3+b^3 は 81 で割り切れる」ということから m、n、p、q に関する何らかの条件を引き出し、それによって「a^2+b^2 の最小値」を求めます。

$$\begin{cases} a = 3n + p \\ b = 3m + q \end{cases} (p,q=1,2)$$

$$a^3 + b^3 = (3n + p)^3 + (3m + q)^3$$
$$= (27n^3 + 27n^2 p + 9np^2 + p^3) + (27m^3 + 27m^2 q + 9mq^2 + q^3)$$
$$= 27(n^3 + n^2 p + m^3 + m^2 q) + 9(np^2 + mq^2) + p^3 + q^3$$

a^3+b^3 が3の倍数なので、p^3+q^3 も3の倍数ということになります。p、q は1、2の値しかとりえないので、これが大きな手がかりです。p^3+q^3 が3の倍数になるためには $p=1$ かつ $q=2$ またはその逆、つまり $p+q=3$ でなければなりません。

$$p^3+q^3 = \begin{cases} 2 & (p=q=1) \\ 9 & (p,q)=(1,2),(2,1) \Rightarrow p+q=3 \\ 16 & (p=q=2) \end{cases}$$

$p+q=3$ の場合には、$a+b=3(n+m+1)$ となります。この条件を a^3+b^3 の関係式に代入します。

$$a^3+b^3 = (a+b)^3 - 3ab(a+b) = (a+b)\left[(a+b)^2 - 3ab\right]$$
$$= 3(n+m+1)\left[9(n+m+1)^2 - 3ab\right]$$
$$= 9(n+m+1)\left[3(n+m+1)^2 - ab\right]$$

● ここに気がつくと…その1

a、b はどちらも3で割り切れないので、ab は3の倍数にはなりません。したがって「a^3+b^3 が81の倍数」であるためには、「$n+m+1$ が9の倍数」でなければなりません。これがまず最初のキーポイントです。このとき「$a+b=3(n+m+1)$」の関係から $a+b$ は27の倍数となります。

● ここに気がつくと…その2

$a+b=27l$(l は整数)を満たす整数で a^2+b^2 の最小値を求めるということは、円と直線の関係を整数座標で考えるということです。

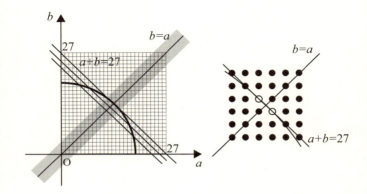

　上左図に示すように、「a^2+b^2 の最小値」は、ab 平面上の $a+b=27$ の点であって原点との距離を最小にする座標 (a,b) を構成する自然数 a,b を求めればよいということです。

　これを求めるにはまず、原点 (0.0) から直線 $a+b=27$ までの距離を求めます。それには点と直線の距離を求める公式を利用します。次のように「a^2+b^2 の最小値 365」がわかります。

$$\left(\frac{|ax_0+by_0+c|}{\sqrt{a^2+b^2}}\right)^2 = \left(\frac{|1\cdot 0+1\cdot 0-27|}{\sqrt{1^2+1^2}}\right)^2 = \frac{27^2}{2}$$
$$= 364.5 \leq a^2+b^2$$
$$a,b \in N \Rightarrow 365 \leq a^2+b^2 = 13^2+14^2$$

　a,b が直線 $a+b-27=0$ と直線 $b=a$ の交点の近くにあることがわかり、$a,b=13、14$ であることがわかります。したがって、$(a,b)=(13,14),(14,13)$ のとき a^2+b^2 は最小値 365 を取ります。使えるものは何でも使うという、少しむずかしい問題でした。

第3章

かなりやさしい数式問題

20 線形計画法という分野の問題

●場合分けがなければあまりに簡単な問題

本問と次問は、近年の問題の中でもトップクラスのやさしい問題です。

難易度 **B**

a, b を実数とする。次の4つの不等式を同時に満たす点(x, y)全体からなる領域を D とする。

$x + 3y \geq a$
$3x + y \geq b$
$x \geq 0$
$y \geq 0$

領域 D における $x+y$ の最小値を求めよ。

（2003年文科）

●図を描いて解くだけの問題です！

本問のように、制約条件を複数の一次式（これを線型条件ともいいます）で記述し、その条件を満たす値が最大・最小となる値を求める手法を線形計画法と呼びます。次の2本の直線の交点がどこにあるかによっての場合分けだけがちょっと厄介です。

$$\begin{cases} x + 3y \geq a \\ 3x + y \geq b \end{cases} \Rightarrow \begin{cases} y \geq -\dfrac{1}{3}x + \dfrac{a}{3} \\ y \geq -3x + b \end{cases}$$

2直線の交点がどの位置にあるかで領域 D の形状が変わります。

$$\Rightarrow \begin{cases} x = \dfrac{3b-a}{8} \\ y = -3\left(\dfrac{-a+3b}{8}\right) + b = \dfrac{3a-b}{8} \end{cases}$$

ここで $x+y=k$ の最大値が生じる

●ここに気がつくと…

$x, y \geqq 0$ の条件があるので、2直線の交点がどの象限にあるかで、次のように領域 D の形状が変わります。交点を白丸、$x+y$ の最小値を与える点を黒丸で示します。第Ⅲ象限にある場合は第Ⅰ象限全体です。

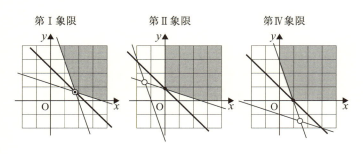

それぞれの場合の (a,b) の位置は次のように分けられ、それぞれにおいて $k \equiv x+y$ の最小値の求め方が分かれます。交点が第Ⅲ象限にある場合は、領域Dは第Ⅰ象限全体です。

$$\begin{cases} \text{I}: & 3b-a>0 \text{ and } 3a-b>0 \Leftrightarrow b>\frac{1}{3}a \text{ and } b<3a \\ \text{II}: & 3b-a\leq 0 \text{ and } 3a-b>0 \Leftrightarrow b\leq\frac{1}{3}a \text{ and } b<3a \\ \text{III}: & 3b-a\leq 0 \text{ and } 3a-b\leq 0 \Leftrightarrow b\leq\frac{1}{3}a \text{ and } b\geq 3a \\ \text{IV}: & 3b-a>0 \text{ and } 3a-b\leq 0 \Leftrightarrow b>\frac{1}{3}a \text{ and } b\geq 3a \end{cases}$$

○第Ⅰ象限にある場合:

$k=x+y$ の最小値が生じるのは2直線の交点を $y=-x+k$ が通過する場合であり、その場合の最小値は次の通りです。

$$\text{I}: \quad b>\frac{1}{3}a \text{ and } b<3a \Rightarrow (x,y)=\left(\frac{3b-a}{8},\frac{3a-b}{8}\right)$$

$$k=x+y=\frac{3b-a}{8}+\frac{3a-b}{8}=\frac{a+b}{4}$$

○第Ⅱ象限にある場合:

$k=x+y$ の最小値が生じるのは $y=-x/3+a/3$ と y 軸の交点を $y=-x+k$ が通過する場合であり、最小値は次の通りです。

$$\text{II}: \quad b\leq\frac{1}{3}a \text{ and } b<3a \Rightarrow \begin{cases} y\geq -\frac{1}{3}x+\frac{a}{3} \\ x=0 \end{cases} \Rightarrow y=\frac{a}{3}$$

$$(x,y)=\left(0,\frac{a}{3}\right) \Rightarrow k=x+y=\frac{a}{3}$$

○第Ⅲ象限にある場合：

$k=x+y$ の最小値が生じるのは原点を $y=-x+k$ が通過する場合であり、その場合の最小値は 0 です。

$$\text{Ⅲ}: b \leq \frac{1}{3}a \text{ and } b \geq 3a \Rightarrow (x,y) = (0,0) \Rightarrow k = 0$$

○第Ⅳ象限にある場合：

$k=x+y$ の最小値が生じるのは $y=-3x+b$ と x 軸の交点を $y=-x+k$ が通過する場合であり、最小値は次の通りです。

$$\text{Ⅳ}: b > \frac{1}{3}a \text{ and } b \geq 3a \Rightarrow \begin{cases} y = -3x+b \\ y = 0 \end{cases} \Rightarrow x = \frac{b}{3}$$

$$(x,y) = \left(\frac{b}{3}, 0\right) \Rightarrow k = x + y = \frac{b}{3}$$

以上の結果をまとめると次のようになります。右図に、各領域ごとの $x+y$ の最小値を示します。

$$\begin{cases} b > \frac{1}{3}a \text{ and } b < 3a \Rightarrow \frac{a+b}{4} \\ b \leq \frac{1}{3}a \text{ and } b < 3a \Rightarrow \frac{a}{3} \\ b \leq \frac{1}{3}a \text{ and } b \geq 3a \Rightarrow 0 \\ b > \frac{1}{3}a \text{ and } b \geq 3a \Rightarrow \frac{b}{3} \end{cases}$$

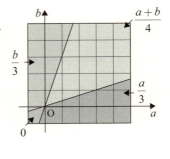

2つの2次関数で囲まれる領域での最大値・最小値の問題

●場合分けがなければあまりに簡単な問題

本問は、2次関数を2つ描いてその共通領域での最大値、最小値を求めるやさしい問題です。

難易度B

> a を正の実数とする。次の2つの不等式を同時にみたす点 (x,y) 全体からなる領域を D とする。
> $$y \geq x^2$$
> $$y \leq -2x^2+3ax+6a^2$$
> 領域 D における $x+y$ の最大値、最小値を求めよ。
>
> (2004年文科)

●図を描いて解くだけの問題です!

次の2本の2次関数の交点がどこにあるかによって、場合分けが必要です。

$$\begin{cases} y = x^2 \\ y = -2x^2 + 3ax + 6a^2 = -2\left(x - \dfrac{3a}{4}\right)^2 + \dfrac{39}{8}a^2 \end{cases}$$

$$y = x^2 = -2x^2 + 3ax + 6a^2$$
$$\Rightarrow 3x^2 - 3ax - 6a^2 = 0$$
$$\Rightarrow x^2 - ax - 2a^2 = (x+a)(x-2a) = 0 \Rightarrow x = -a, 2a$$

$$\Rightarrow (-a, a^2), (2a, 4a^2)$$
$$D = a^2 + 8a^2 = 9a^2 \geq 0$$

したがって2つの2次曲線はかならず交点を持ち、$a>0$ なので、交点は第Ⅱ象限と第Ⅰ象限に1つずつあり、次のような位置関係になります。

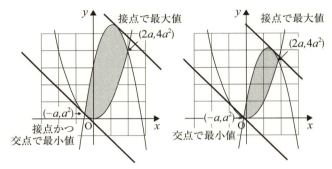

最大値・最小値が生じる場合にはそれぞれ2種類あり、2つの2次関数の交点または2つの2次関数と直線 $y=-x+k$ の接点で生じます。まず交点で得られる最大値（$\equiv M$）・最小値（$\equiv m$）は次の通りです。

$$\begin{cases} (-a, a^2), (2a, 4a^2) \\ x+y \equiv k \end{cases} \Rightarrow \begin{cases} M = 4a^2 + 2a = 4\left(a+\dfrac{1}{4}\right)^2 - \dfrac{1}{4} \geq -\dfrac{1}{4} \\ m = a^2 - a = \left(a-\dfrac{1}{2}\right)^2 - \dfrac{1}{4} \geq -\dfrac{1}{4} \end{cases}$$

いずれも最小値は $-1/4$ に固定されています。しかしこれら以外に接点で最大値・最小値が生じることがあり、その場合は次の値になります。

$$\begin{cases} y = x^2 \\ x+y = k \Rightarrow y = -x+k \end{cases} \Rightarrow x^2 + x - k = 0$$
$$\Rightarrow D = 1 + 4k \geq 0 \Rightarrow k \leq -\frac{1}{4}$$

$y=x^2$ と接する場合には、$x+y$ の最大値は $-1/4$ です。$y=-2x^2+3ax+6a^2$ と接する場合には、$x+y$ の最大値は次の値です。

$$\begin{cases} y = -2x^2 + 3ax + 6a^2 \\ x+y = k \Rightarrow y = -x+k \end{cases}$$
$$\Rightarrow 2x^2 - (3a+1)x + k - 6a^2 = 0$$
$$\Rightarrow D = (3a+1)^2 - 8(k - 6a^2)$$
$$= 57a^2 + 6a + 1 - 8k \geq 0 \Rightarrow k \leq \frac{1}{8}(57a^2 + 6a + 1)$$

●ここに気がつくと…

したがって最大値・最小値は次のように2通り求められます。あとはこれらを a の値で分別します。この問題では、交点や接点を詳しく調べるより、結果で判断した方が簡単そうです。

$$\begin{cases} M = Max\left(4a^2 + 2a, \frac{1}{8}(57a^2 + 6a + 1)\right) \\ m = Min\left(a^2 - a, -\frac{1}{4}\right) \end{cases}$$

まず、どちらの値が最小値になるかを調べます。それによって、最小値が交点で生じるか接点で生じるかがわかります。

$$a^2 - a > -\frac{1}{4} \Leftrightarrow 4a^2 - 4a + 1 = (2a-1)^2 \geq 0$$

$$\Rightarrow \begin{cases} a = \dfrac{1}{2}: & a^2 - a = -\dfrac{1}{4} \\ a \neq \dfrac{1}{2}: & a^2 - a > -\dfrac{1}{4} \end{cases}$$

同様に、どちらの値が最大値になるかを調べます。それによって、最大値が交点で生じるか接点で生じるかがわかります。

$$4a^2 + 2a > \frac{1}{8}(57a^2 + 6a + 1) \Leftrightarrow 32a^2 + 16a > 57a^2 + 6a + 1$$

$$\Rightarrow 25a^2 - 10a + 1 = (5a - 1)^2 \geq 0$$

$$\Rightarrow \begin{cases} a = \dfrac{1}{5}: & 4a^2 + 2a = \dfrac{1}{8}(57a^2 + 6a + 1) \\ a \neq \dfrac{1}{5}: & 4a^2 + 2a > \dfrac{1}{8}(57a^2 + 6a + 1) \end{cases}$$

以上の結果を組み合わせると、最大値・最小値は次のようになります。

$$\begin{cases} 0 < a \leq \dfrac{1}{5}: & (M, m) = \left(4a^2 + 2a, a^2 - a\right) \\ \dfrac{1}{5} < a < \dfrac{1}{2}: & (M, m) = \left(\dfrac{1}{8}(57a^2 + 6a + 1), a^2 - a\right) \\ a \geq \dfrac{1}{2}: & (M, m) = \left(\dfrac{1}{8}(57a^2 + 6a + 1), -\dfrac{1}{4}\right) \end{cases}$$

真ん中の場合は最大値も最小値も2つの2次関数の交点で生じ、上の場合は最大値が接点で、下の場合は最小値が接点で生じるという、かなりおもしろい形になりました。

22 xとyの2次方程式を満たすxの最大値を求める問題

●近年もっとも簡単といわれた問題

 次の問題は、近年でもっとも簡単といわれる2次方程式の問題です。xとyの2次方程式を満たすxの最大値を求めるもので、一見すると方法がわからずむずかしそうに見える問題です。

 この問題は楕円を表す方程式であり、実はあっと驚く簡単な解き方があります。

難易度 **A**

 座標平面上の点 (x, y) が次の方程式を満たす。このとき、xの取りうる最大の値を求めよ。
 $$2x^2+4xy+3y^2+4x+5y-4=0$$

（2012年文科）

［ヒント］
 座標平面上の点の座標は実数です。

●ここに気がつくと…

 一度解いたことがなければ使えない方法なのですが、xy座標におけるx座標・y座標は実数です。そうすると、問題の方程式をxの2次方程式とみた場合の判別式はyの値の範囲を与え、yの2次方程式とみた場合の判別式はxの値の範囲を与えます。本問はこれだけで解けます。

$$f(y) \equiv 2x^2 + 4xy + 3y^2 + 4x + 5y - 4$$
$$= 3y^2 + y(4x+5) + 2x^2 + 4x - 4 = 0$$
$$D_y = (4x+5)^2 - 4 \cdot 3 \cdot (2x^2 + 4x - 4)$$
$$= (16x^2 + 40x + 25) - 12(2x^2 + 4x - 4)$$
$$= -8x^2 - 8x + 73 \geq 0$$
$$8x^2 + 8x - 73 \leq 0$$
$$8x^2 + 8x - 73 = 0 \Rightarrow x = \frac{-8 \pm \sqrt{64 + 4 \cdot 8 \cdot 73}}{16}$$
$$= \frac{-8 \pm 4\sqrt{4 + 2 \cdot 73}}{16} = \frac{-2 \pm 5\sqrt{6}}{4}$$
$$-\frac{2 + 5\sqrt{6}}{4} \leq x \leq \frac{5\sqrt{6} - 2}{4}$$

これで x の範囲 (最大値) がわかりました。同様に y の範囲も得られます。また、x 軸や y 軸との交点を求めて図を描くと次のようになります。次頁に類題を示します。

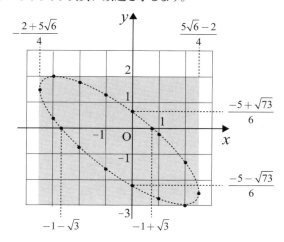

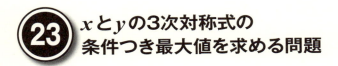

xとyの3次対称式の条件つき最大値を求める問題

●東大の問題より少しだけむずかしい問題

前問と同じ年にこんなに類似した問題が東大と京大で出題されたのには何かわけがあったのでしょうか。東大は2次式ですがこちらは3次式なので、前問のように判別式を利用するわけにもいきません。別の方法が必要です。

難易度**B**

実数 x,y が条件 $x^2+xy+y^2=6$ を満たしながら動くとき
$$x^2y+xy^2-x^2-2xy-y^2+x+y$$
がとりうる値の範囲を求めよ。

(2012年京大／理系)

[ヒント]

与式は $x+y$ と xy で表されます。

●ここに気がつくと…

3次式なので、楕円を表すわけでもありませんが、条件式は $y=x$ に対して対称な楕円です。条件式を使って与式が簡単になればよいのですが、あまり効果がありません。しかしこの式は、x と y を交換しても値が変わらない「対称式」であるという大きな特徴があります。では $x+y$ と xy で表してみましょう。

$$x^2+xy+y^2=(x+y)^2-xy=6$$
$$x^2y+xy^2-x^2-2xy-y^2+x+y=xy(x+y)-(x+y)^2+x+y$$

どちらの式も $x+y$ と xy で表すことができました。x と y はどちらも実数なので、これらは次の方程式の2つの解であり、x と y が実数なので、その式の判別式が非負という制限が生じます。

$$t^2-(x+y)t+xy=0, D=(x+y)^2-4xy \geq 0$$

ここまでくると、$x+y=u$、$xy=v$ という置き換えが常套策です。与式を z とおいて、3つの関係を u、v で表すと、2つの式から v が消去できることがわかります。

$$\begin{cases} u^2 - v = 6 \\ z = uv - u^2 + u \\ u^2 - 4v \geq 0 \end{cases} \Rightarrow \begin{cases} u^2 = v+6 \geq 0 \\ z = u(u^2-6) - u^2 + u \\ u^2 - 4(u^2-6) \geq 0 \end{cases}$$

今度は、判別式 $u^2-4(u^2-6) \geq 0$ の条件の範囲で z の値域を求め、そのとき $v+6$ が非負であればよいというところまで変形できました。これを解くと次のようになります。

$$\begin{cases} u^2 - 4(u^2-6) \geq 0 \Rightarrow 3u^2 \leq 24 \Rightarrow -2\sqrt{2} \leq u \leq 2\sqrt{2} \\ z = u(u^2-6) - u^2 + u = u^3 - u^2 - 5u \end{cases}$$

こうなったら、u の変域の範囲で u の3次関数

$$z=u^3-u^2-5u$$

の値域を調べるだけです。これは3次関数なので、本来は第7章の微積分の章であつかうべき問題ですが、前問との対比のためにここに収録しました。

$z'(u)=3u^2-2u-5=(3u-5)(u+1)=0 \Rightarrow u=-1, 5/3$。これらの u 値

は上の範囲に含まれており、$z''(u)=6u-2$、$z''(-1)<0$、$z''(5/3)>0$ なので、$u=-1, 5/3$ で極値をとります。増減表およびグラフを示します。

u	$-2\sqrt{2}$		-1		$\dfrac{5}{3}$		$2\sqrt{2}$
$z'(u)$		+	0	−	0	+	
$z(u)$	$-6\sqrt{2}-8$	↗	3	↘	$-\dfrac{175}{27}$	↗	$6\sqrt{2}-8$

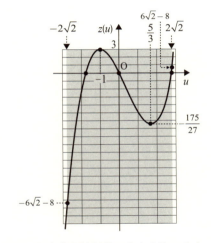

極大・極小値と境界値の大小を比べます。

$$\begin{cases} z(2\sqrt{2}) = 6\sqrt{2}-8 < z(-1) = 3 \\ z(-2\sqrt{2}) = -6\sqrt{2}-8 < z\left(\dfrac{5}{3}\right) = -\dfrac{175}{27} \end{cases}$$

したがって z の範囲は $-6\sqrt{2}-8 \leqq z \leqq 3$ となります。

2次方程式の解の虚実にかかわらず実部が正という問題

●条件を正確に読み解く！

次の問題は、題意を正確に読み解ければやさしい問題です。

> 難易度 **B**
>
> x についての方程式
> $$px^2+(p^2-q)x-(2p-q-1)=0$$
> が解をもち、すべての解の実部が負となるような実数の組 (p,q) の範囲を pq 平面上に図示せよ。
> (注) 複素数 $a+bi$ (a、b は実数、i は虚数単位) に対し、a をこの複素数の実部という。
>
> (1992年文科)

●まずはやれることから始めよう！

「すべての解の実部が負」とありますが、これは実数解を持つという意味ではなく「実数解の場合は両方とも負の解」「虚数解の場合は実部が負」という意味です。

まず $p=0$ の場合は1次方程式となります。

$$p=0 \Rightarrow -qx+q+1=0 \Rightarrow qx=q+1$$

$$\begin{cases} q=0 : 0 \neq 1 \Rightarrow NG \\ q \neq 0 : x = 1+\dfrac{1}{q} < 0 \Rightarrow -1 < q < 0 \end{cases}$$

79

題意を満たす条件は、q軸上の $-1<q<0$ の範囲です（右図参照）。

次に $p \neq 0$ の場合与式は2次方程式であり、その場合に負の実数解をもつ条件は、2つの解を α, β とすると、「$D \geq 0$、$\alpha+\beta>0$、$\alpha\beta>0$」です。

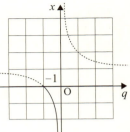

$$x^2 + \left(\frac{p^2-q}{p}\right)x - \left(\frac{2p-q-1}{p}\right) = 0$$

$$D = \left(\frac{p^2-q}{p}\right)^2 + 4\left(\frac{2p-q-1}{p}\right) \geq 0$$

$$\Rightarrow \left(p^2-q\right)^2 + 4p(2p-q-1) \geq 0$$

$$\begin{cases} \alpha+\beta = \dfrac{q-p^2}{p} \\ \alpha\beta = \dfrac{q+1-2p}{p} \end{cases} \Rightarrow \alpha, \beta \in R \Rightarrow \begin{cases} D \geq 0 \\ \alpha+\beta < 0 \Rightarrow p(q-p^2) < 0 \\ \alpha\beta > 0 \Rightarrow p(q+1-2p) > 0 \end{cases}$$

ところがこの $D \geq 0$ の条件がどうにも図示できるように整理できません。

これは置いておいて、虚数解を持つ条件を調べてみましょう。これは $p \neq 0$ かつ判別式 $D<0$ の場合であり、実部が負という条件は、解を $\alpha=u+iv$、$\beta=u-iv$ とおくと、$u=(1/2)(\alpha+\beta)$ なので「$\alpha+\beta=q-p^2/p<0$」であり、一方 $\alpha\beta>0$ も成立します。

$$\alpha, \beta \notin R \Rightarrow \begin{cases} \alpha \equiv u+iv \\ \beta \equiv u-iv \\ u,v \in R \end{cases} \Rightarrow \begin{cases} u = \dfrac{\alpha+\beta}{2} < 0 \Rightarrow \alpha+\beta < 0 \\ \alpha\beta = u^2+v^2 > 0 \end{cases}$$

$$\Rightarrow \begin{cases} D < 0 \\ \alpha + \beta < 0 \Rightarrow p(q - p^2) < 0 \\ \alpha\beta > 0 \Rightarrow p(q + 1 - 2p) > 0 \end{cases}$$

以上の条件を比較すると、D の符号にかかわらず次の条件が必要十分であり、D の符号は解には無関係でり、判別式の結果の図示は不要ということになります。したがって題意を満たす (p,q) は次のようになります。

$$\begin{cases} p = 0 : -1 < q < 0 \\ p \neq 0 : \begin{cases} p(q - p^2) < 0 \\ and \\ p(q + 1 - 2p) > 0 \end{cases} \end{cases}$$

p の正負で場合分けすると、$p<0$ では共有範囲がなくなって除かれます。

$$\Leftrightarrow \begin{cases} p = 0 : -1 < q < 0 \\ p > 0 : q < p^2 \ and \ q > 2p - 1 \\ p < 0 : q > p^2 \ and \ q < 2p - 1 \Rightarrow \phi \end{cases}$$

$$\therefore \begin{cases} p = 0 : -1 < q < 0 \\ p > 0 : q < p^2 \ and \ q > 2p - 1 \end{cases}$$

これを図示すると右図のようになります。点線上を除き、実線上を含み、白丸の点は除きます。

実部の正負だけを指定すると、判別式の符号は無関係、という若干驚きの事実を示す名問です。

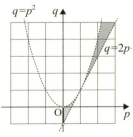

2次方程式がある範囲に異なる 2つの実数解を持つことを示す問題

●わかりやすい方から考える！

次の問題の前提条件は、まるで行列のような表現であり、あつかい方に若干逡巡します。手をつける順番が重要です。

難易度 **C**

> a、b、c、d を正の数とする。不等式
> $$\begin{cases} s(1-a)-tb>0 \\ -sc+t(1-d)>0 \end{cases}$$
> を同時にみたす正の数 s、t があるとき、2次方程式
> $$x^2-(a+d)x+(ad-bc)=0$$
> は、$-1<x<1$ の範囲に異なる2つの実数解をもつことを示せ。

（1996年文理共通）

●まずはやれることから始めよう！

2次方程式

$$f(x)=x^2-(a+d)x+(ad-bc)=0$$

が「$-1<x<1$ の範囲に異なる2つの実数解をもつ」条件は、

（A）軸が $-1<x<1$ の範囲にあり、

（B）頂点の y 座標が負で、

（C）範囲の両端で $f(x) \geq 0$

であることです。これを与式に適用すると、

$$f(x) = \left(x - \frac{a+d}{2}\right)^2 + (ad-bc) - \left(\frac{a+d}{2}\right)^2$$

$$= \left(x - \frac{a+d}{2}\right)^2 - \frac{1}{4}\left[(a+d)^2 - 4(ad-bc)\right]$$

$$= \left(x - \frac{a+d}{2}\right)^2 - \frac{1}{4}\left[(a-d)^2 + 4bc\right]$$

$$\Rightarrow \begin{cases} -1 < \dfrac{a+d}{2} < 1 & \text{(A)} \\ (a-d)^2 + 4bc > 0 & \text{(B)} \\ f(\pm 1) = 1 \mp (a+d) + (ad-bc) \geq 0 & \text{(C)} \end{cases}$$

となります。これらを、最初の2つの不等式の条件 (P) から証明できればよいわけです。その際、s、t をどのように消すかがコツです。

$$\begin{cases} s(1-a) - tb > 0 \\ -sc + t(1-d) > 0 \\ a,b,c,d > 0, \quad s,t > 0 \end{cases} \Rightarrow \begin{cases} \dfrac{1-a}{b} > \dfrac{t}{s} > 0 \\ \dfrac{1-d}{c} > \dfrac{s}{t} > 0 \end{cases} : (\text{P}')$$

これで s,t を消去できます。ここは若干難関です。

$$\text{P}' \Rightarrow \begin{cases} 1 > a \\ 1 > d \end{cases} \Rightarrow \begin{cases} 0 < a < 1 \\ 0 < d < 1 \end{cases} \Rightarrow -1 < \frac{a+d}{2} < 1 \quad \text{(A)}$$

$$\begin{cases} b, c > 0 \\ (a-d)^2 \geq 0 \end{cases} \Rightarrow (a-d)^2 + 4bc > 0 \quad \text{(B)}$$

$$\text{P}' \Rightarrow \frac{1-a}{b} \cdot \frac{1-d}{c} > \frac{t}{s} \cdot \frac{s}{t} = 1 \Rightarrow (1-a)(1-d) > bc$$

$$\Rightarrow ad - a - d + 1 > bc \Rightarrow (ad-bc) - (a+d) + 1 > 0$$

$$\Rightarrow 1 - (a+d) + (ad-bc) > 0$$

$$\begin{cases} 1 - (a+d) + (ad-bc) > 0 \\ a, d > 0 \end{cases} \Rightarrow 1 \mp (a+d) + (ad-bc) > 0 \quad \text{(C)}$$

(P) を変形した (P') から (A)(B)(C) が証明できたので、2次方程

式は $-1<x<1$ の範囲に異なる2つの実数解をもちます。

●実数解を持つ条件

本問は比較的やさしい問題なのですが、「実数解をもつ条件」と「指定範囲に実数解をもつ条件」とは若干あつかいが異なります。「実数解をもつ条件」は「判別式 ≥ 0」だけでよいのですが、指定範囲がある場合は次のようになります。

 (a) 軸が指定範囲にあり、

 (b) 頂点の y 座標が負で、

 (c) 範囲の両端で $f(x) \geq 0$

この背景には、頂点の y 座標と判別式の関係があります。

●2次関数の基本形

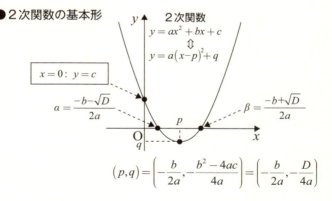

$a>0$ の場合、判別式が正ならば頂点の y 座標が負になります。同様に、$a<0$ の場合、判別式が正ならば頂点の y 座標が正になります。判別式と同様に頂点座標の符号を調べても実数解の有無がわかります。

●**最新の類題をご紹介！**

本問は文字係数の問題ですが、非常に出題頻度の高い問題です。最新のやさしい問題を1つご紹介します。

難易度**A**

(1) a を実数とする。2次方程式
$$x^2 - 2(a+1)x + 3a = 0$$
が、$-1 \leq x \leq 3$ の範囲に2つの異なる実数解をもつような a の値の範囲を求めよ。

(2) a が(1)で求めた範囲を動くとき、放物線
$$y = x^2 - 2(a+1)x + 3a$$
の頂点の y 座標が取りうる値の範囲を求めよ。

(2013年東北大／文系、改題)

［略解］

(1)では、左頁に示した条件は、「$y=x^2-2(a+1)x+3a=(x-(a+1))^2+(-a^2+a-1)$」から次のようになり、

(a) 軸の位置の条件 　　　　　$\Rightarrow$ $-1 < a+1 < 3$

(b) 頂点の y 座標が負の条件　$\Rightarrow$ $-a^2+a-1 < 0$

(c) 範囲の両端で $f(x) \geq 0$
   $\Rightarrow 5a+3 \geq 0$ かつ $3-3a \geq 0$

これらから $-3/5 \leq a \leq 1$ という範囲が得られます。(2)は、$Y = -a^2+a-1 = -(a-1/2)^2 - 3/4$ の $-3/5 \leq a \leq 1$ における値域であり、$-49/25 \leq Y \leq -3/4$ となります。

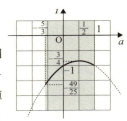

複2次方程式の解と係数の関係から解の範囲を得る問題

●複2次方程式の解と係数の関係

複2次方程式の解と係数の関係から得られる条件は x^2 に関する条件であり、x^2 が実数であれば x の絶対値がわかります。

難易度 C

0 以上の実数 s, t が $s^2+t^2=1$ をみたしながら動くとき、方程式

$$x^4-2(s+t)x^2+(s-t)^2=0$$

の解のとる値の範囲を求めよ。

（2005年文科）

●解の実数性の確認

まずは $X=x^2$ の実数性と符号を調べます。X が非負であれば、x は実数であることがわかり、先が考えやすくなります。X に関する2次方程式の解と係数の関係を調べると、s と t が非負であることから X が非負であることがわかり、これから x が実数であることがわかります。

$$x^2 \equiv X$$

$$\begin{cases} s,t \geq 0, \quad s^2+t^2=1 \\ X^2-2(s+t)X+(s-t)^2=0 \\ X=\alpha,\beta \end{cases}$$

$$s, t \geq 0 \Rightarrow \begin{cases} \alpha + \beta = 2(s+t) \geq 0 \\ \alpha\beta = (s-t)^2 \geq 0 \\ D_X = 4(s+t)^2 - 4(s-t)^2 = 16st \geq 0 \end{cases}$$
$$\Rightarrow X \geq 0 \Rightarrow x \in R$$

●ここに気がつくと…その1

若干天下り的なのですが、s と t をまとめることを考えます。X の方程式の係数は「$-2(s+t)$」と「$(s-t)^2$」なのですが、「$s^2+t^2=1$」の関係があるので、$u \equiv s+t$ と定義して、X の方程式の係数を変数 u だけで構成できるようにまとめます。

$$s+t \equiv u \Rightarrow \begin{cases} \alpha + \beta = 2(s+t) = 2u \\ \alpha\beta = (s-t)^2 = 1-2st \\ 2st = (s+t)^2 - 1 = u^2 - 1 \end{cases}$$
$$\Rightarrow \begin{cases} \alpha + \beta = 2u \\ \alpha\beta = 2 - u^2 \end{cases}$$

u は st 座標における t 切片の値であり、傾き -1 の直線が原点中心の円「$s^2+t^2=1$」と第Ⅰ象限で交点を持つことから、u の値の範囲が確定します。

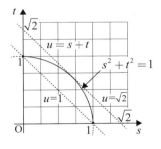

$$\Rightarrow X^2 - 2uX + 2 - u^2 = 0$$
$$\begin{cases} s, t \geq 0 \\ s^2 + t^2 = 1 \Rightarrow 1 \leq u \leq \sqrt{2} \\ u = s+t \end{cases}$$

そうすると、s と t に設定された条件によって X は正の解を持ちますが、s と t に設定された条件が u に移って、u の値が「$1 \leq u \leq \sqrt{2}$」の範囲にあれば、X の方程式が正の解を持つことになります。

●ここに気がつくと…その2

ところでここで、$f(u) \equiv X^2 - 2uX + 2 - u^2 = 0$ とおきます。これは X に関する方程式なのですが、その係数 u が「$1 \leq u \leq \sqrt{2}$」の範囲の値を取るということは、u についての方程式 $v = f(u) = 0$ が「$1 \leq u \leq \sqrt{2}$」の範囲で解をもつということです。

$v = f(u)$ は u についての2次関数であり、その頂点 (p, q) の x 座標 p は非正であることがわかります。そうすると、$f(u) = 0$ の解が「$1 \leq u \leq \sqrt{2}$」の範囲にある条件は、$f(1) \geq 0$ かつ $f(\sqrt{2}) \leq 0$ です。

$$\begin{cases} f(u) \equiv X^2 - 2uX + 2 - u^2 \\ v = f(u) \end{cases}$$

$$f(u) = -(u + X)^2 + 2(X^2 + 1)$$

$$f(u) \Rightarrow (u, v) = (p, q)$$
$$= \left(-X, 2(X^2 + 1)\right)$$

$$\Rightarrow \begin{cases} p = -X \leq 0 \\ q = 2(X^2 + 1) > 0 \end{cases}$$

$$\Rightarrow \begin{cases} f(1) = X^2 - 2X + 1 = (X-1)^2 \geq 0 \\ f(\sqrt{2}) = X^2 - 2\sqrt{2}X \leq 0 \end{cases}$$

$f(1) \geqq 0$ の条件は平方式となって自動的に満たされることがわかったので、残るは $f(\sqrt{2}) \leqq 0$ の条件です。この条件を満たす X および x の範囲を求めます。

$$X\left(X - 2\sqrt{2}\right) \leq 0 \Rightarrow 0 \leq X = x^2 \leq 2\sqrt{2} \Rightarrow |x| \leq 2^{\frac{3}{4}}$$

●こんな別解もあります！

かなり技巧的ですが、「$s^2+t^2=1$」という関係と「$x^4-2(s+t)x^2+(s-t)^2=0$」の方程式の形から、「$s+t=u$, $s-t=v$」という置き換えも考えられます。すると、$u \geqq 0$、$t \geqq 0$ から、s、t は下右図にしめす u、v に変換され、この方が分析しやすくなります。

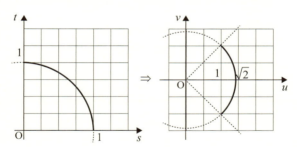

この方法だと、斜めの直線も使わずに、$1 \leqq u \leqq \sqrt{2}$ の変域が得られ、

$f(u) = X^2 - 2uX + 2 - u^2 = 0$

が $1 \leqq u \leqq \sqrt{2}$ の範囲で解をもつように x の範囲を定めて、同じ解を得ることができます。

三角関数の加法定理を証明する問題

●図を描いて考える！

　この問題は、おさらいも含めた加法定理の証明問題です。あまりに基本的で、結果は使っていても証明方法は忘れてしまったのでしょう。この問題の正答率は非常に低かったそうです。

難易度 **A**

(1) 一般角 θ に対して $\sin\theta$、$\cos\theta$ の定義を述べよ。
(2) (1)で述べた定義にもとづき、一般角 α、β に対して、
$$\sin(\alpha+\beta) = \sin\alpha\cos\beta + \cos\alpha\sin\beta$$
$$\cos(\alpha+\beta) = \cos\alpha\cos\beta - \sin\alpha\sin\beta$$
を証明せよ。

(1999年文理共通)

　この問題のおもしろいところは、(1)で述べた定義にしたがって(2)を解くというところです。つまり、どんな定義でも正しければ使用できるので、証明が簡単な定義を採用できるのです。本問には、3つの解法を用意しました。

(1) 単位円上の座標による
(2) ベクトルの内積による
(3) オイラーの公式による

(1)が数Ⅱでの当初の証明ですが、それよりは(2)の数Bでの証明の方が解答しやすいでしょう。もっとも簡単なのは(3)の方

法なのですが、これは大学で学ぶ方法です。

(1) 単位円上の座標を利用した証明

もっとも一般的なのは、三角関数を下左図のように単位円上の点の x 座標、y 座標で定義して、下右図を使って証明する方法です。この場合 $x=\cos\theta$, $y=\sin\theta$ です。$\sin(\alpha+\beta)$ や $\cos(\alpha+\beta)$ に対応する長さを探し、それらを $\sin\alpha$, $\cos\alpha$, $\sin\beta$, $\cos\beta$ で表します。

下右図のように点 Q から線分 OP に下ろす垂線が必要です。その垂線の足を点 R、点 R から x 軸に下ろした垂線の足を点 S、点 Q から x 軸に下ろした垂線の足を点 T、点 R から x 軸に平行に引いた直線と線分 QT との交点を点 U とすると、1つの長さを2つの表現で表すことができます。

$$\sin(\alpha+\beta) = \mathrm{QT} = \mathrm{QU} + \mathrm{RS}$$
$$\begin{cases} \mathrm{QU} = \mathrm{QR}\cos\alpha = \cos\alpha\sin\beta \\ \mathrm{RS} = \mathrm{OR}\sin\alpha = \sin\alpha\cos\beta \end{cases}$$

下図では計算の順に記述してありますが、上の数式ではそれを α、β の順に並べ替えてあります。

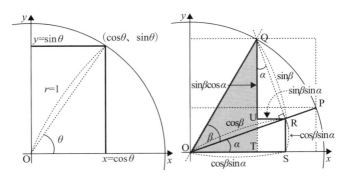

$$\therefore \sin(\alpha+\beta) = \sin\alpha\cos\beta + \cos\alpha\sin\beta$$

$$\cos(\alpha+\beta) = \mathrm{OT} = \mathrm{OS} - \mathrm{UR}$$

$$\begin{cases} \mathrm{OS} = \mathrm{OR}\cos\alpha = \cos\alpha\cos\beta \\ \mathrm{UR} = \mathrm{QR}\sin\alpha = \sin\alpha\sin\beta \end{cases}$$

$$\therefore \cos(\alpha+\beta) = \cos\alpha\cos\beta - \sin\alpha\sin\beta$$

(2) ベクトルの内積を利用した証明

ベクトルの内積の成分表示と角度を使った表現は等価なので、まず cos に関する加法定理が得られ、角度を置き換えると sin に関する加法定理が得られます。

● $\cos(\alpha+\beta) = \cos\alpha\cos\beta - \sin\alpha\sin\beta$

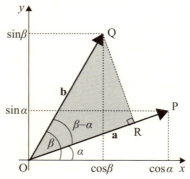

$$\begin{cases} \mathbf{a} = (\cos\alpha, \sin\alpha) \\ \mathbf{b} = (\cos\beta, \sin\beta) \end{cases} \Rightarrow \mathbf{a}\cdot\mathbf{b} = \cos\alpha\cos\beta + \sin\alpha\sin\beta$$

$$\begin{cases} \mathbf{a}\cdot\mathbf{b} = |\mathbf{a}||\mathbf{b}|\cos(\beta-\alpha) \\ |\mathbf{a}| = |\mathbf{b}| = 1 \end{cases} \Rightarrow \mathbf{a}\cdot\mathbf{b} = \cos(\beta-\alpha)$$

$$\therefore \cos\alpha\cos\beta + \sin\alpha\sin\beta = \cos(\beta-\alpha)$$

$\alpha \to -\alpha$ と置き換えると cos についての加法定理が得られます。

$$\Rightarrow \cos(\alpha+\beta) = \cos\alpha\cos\beta - \sin\alpha\sin\beta$$

● $\sin(\alpha+\beta) = \sin\alpha\cos\beta + \cos\alpha\sin\beta$

$\cos(\alpha+\beta) = \cos\alpha\cos\beta - \sin\alpha\sin\beta$ において、

$\alpha+\beta \to \dfrac{\pi}{2}-(\alpha+\beta)$ $\begin{cases} \alpha \to \dfrac{\pi}{2}-\alpha \\ \beta \to -\beta \end{cases}$ と置き換えると、

$$\Rightarrow \cos\left[\dfrac{\pi}{2}-(\alpha+\beta)\right] = \cos\left(\dfrac{\pi}{2}-\alpha\right)\cos(-\beta) - \sin\left(\dfrac{\pi}{2}-\alpha\right)\sin(-\beta)$$

それぞれは次のように変わり、sinについての加法定理が得られます。

$$\begin{cases} \cos\left[\dfrac{\pi}{2}-(\alpha+\beta)\right] = \sin(\alpha+\beta) \\ \cos\left(\dfrac{\pi}{2}-\alpha\right) = \sin\alpha, \quad \sin\left(\dfrac{\pi}{2}-\alpha\right) = \cos\alpha \\ \cos(-\beta) = \cos\beta, \quad \sin(-\beta) = -\sin\beta \end{cases}$$

$$\therefore \sin(\alpha+\beta) = \sin\alpha\cos\beta + \cos\alpha\sin\beta$$

(3) オイラーの公式を利用した証明

これはオイラーの公式を利用するもので、高校数学には含まれていませんが、三角関数の定義の仕方は自由なので、次のように三角関数を定義すると、これも本問の正答の1つです。解答としてはもっとも簡単なものですが、まったく問題ない解答です。

$$e^{ix} \equiv \cos x + i\sin x \Rightarrow \mathrm{Re}(e^{ix}) \equiv \cos x,\ \mathrm{Im}(e^{ix}) \equiv \sin x$$

これは、実数 x に虚数単位 i をかけた複素数 ix を指数とする指数関数の実部が $\cos x$、虚部が $\sin x$ であると定義するものです。

これは「三角関数は複素数の指数関数（指数関数の指数部が虚数）である」ということを意味するものであり、これが使えると数学あるいは物理数学の威力が大幅に拡大されます。

指数関数の定義と複素数の性質を組み合わせて、次のように証明します。

まず定義から　　　　　　　　$e^{i(\alpha+\beta)} = \cos(\alpha+\beta) + i\sin(\alpha+\beta)$

次に指数法則から　　　　　　$e^{i(\alpha+\beta)} = e^{i\alpha} e^{i\beta}$

これらにも定義を適用して　$e^{i\alpha} = \cos\alpha + i\sin\alpha$、 $e^{i\beta} = \cos\beta + i\sin\beta$

これらをかけ合わせると次式が得られます。

$$\begin{aligned}e^{i(\alpha+\beta)} &= \cos(\alpha+\beta) + i\sin(\alpha+\beta) \\ &= e^{i\alpha}e^{i\beta} = (\cos\alpha + i\sin\alpha)(\cos\beta + i\sin\beta) \\ &= (\cos\alpha\cos\beta - \sin\alpha\sin\beta) + i(\sin\alpha\cos\beta + \cos\alpha\sin\beta)\end{aligned}$$

これらの式の実部と虚部を比較すると次式が得られます。

$$\begin{cases}\cos(\alpha+\beta) = \cos\alpha\cos\beta - \sin\alpha\sin\beta \\ \sin(\alpha+\beta) = \sin\alpha\cos\beta + \cos\alpha\sin\beta\end{cases}$$

この方法を知っていると、3倍角などの面倒な公式を暗記する必要がなくなります。

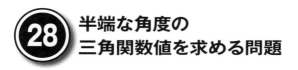

半端な角度の三角関数値を求める問題

●最近の流行の問題！

最近の流行の三角関数の問題は次の2種の問題です。

（1）半端な角度の三角関数値を求める問題

（2）角度は求まらないが、最大値・最小値などは得られる問題

後者は図形の章で東大の問題を紹介しますが、前者の問題で横浜市大／商に名問があります。これは相反方程式を解くという意味でも有意義なので、ここで紹介します。誘導があるので、そうむずかしくはないと思います。さあ名問に挑戦しましょう。

難易度 C

以下の問いに答えよ。ただし、$\pi = 180°$ とおく。

（1）2次方程式 $x^2 - x - 1 = 0$ の解を求めよ。

（2）z を0でない複素数として $x = z + \dfrac{1}{z}$ とおく。このxを（1）の2次方程式に代入して、zの方程式に書き直し、その方程式のすべての解を求めよ。

（3）（1）と（2）の解を比較して $\cos\dfrac{\pi}{5}$ および $\cos\dfrac{3\pi}{5}$ の値を求めよ。

（2004年横浜市大／商）

●やれるところから手をつけよう！

（1）は容易でしょう。

$$x^2 - x - 1 = 0 \Rightarrow x = \frac{1 \pm \sqrt{5}}{2}$$

（2）この置き換えで、係数が左右対称の相反方程式が得られます。

$$x = z + \frac{1}{z} \Rightarrow \left(z + \frac{1}{z}\right)^2 - \left(z + \frac{1}{z}\right) - 1$$

$$= z^2 + 2 + \left(\frac{1}{z}\right)^2 - \left(z + \frac{1}{z}\right) - 1$$

$$= z^2 - z + 1 - \frac{1}{z} + \frac{1}{z^2} = 0 \Rightarrow z^4 - z^3 + z^2 - z + 1 = 0$$

得られた z についての方程式に $(z+1)$ をかけると、$z^5 = -1$ という方程式が得られます。この z が -1 の 5 乗根であり、z を絶対値 1 の複素数として定義することができます。偏角は最小のものを選びます。

$$\left(z^4 - z^3 + z^2 - z + 1\right)(z+1) = z^5 + 1 = 0$$

$$z^5 = -1 \Rightarrow |z| = 1$$

$$\begin{cases} z^5 = -1 \\ z \equiv \cos\theta + i\sin\theta \\ \theta = \frac{\pi}{5}, \frac{3\pi}{5}, \pi, \frac{7\pi}{5}, \frac{9\pi}{5} \end{cases} \Rightarrow z = \begin{cases} \cos\frac{\pi}{5} + i\sin\frac{\pi}{5} \\ \cos\frac{3\pi}{5} + i\sin\frac{3\pi}{5} \\ \cos\frac{7\pi}{5} + i\sin\frac{7\pi}{5} \\ \cos\frac{9\pi}{5} + i\sin\frac{9\pi}{5} \end{cases}$$

（3）x 軸に対称な角度の $\cos\theta$ は同じ値なので、余弦値は次のように定まり、上の関係からそれらと角度の関係が対応づけられます。

$$x = z + \frac{1}{z} = z + z^{-1}$$

$$= (\cos\theta + i\sin\theta) + (\cos(-\theta) + i\sin(-\theta)) = 2\cos\theta$$

$$x = \frac{1 \pm \sqrt{5}}{2} = \begin{cases} 2\cos\frac{\pi}{5} = 2\cos\frac{9\pi}{5} = \frac{1+\sqrt{5}}{2} \\ 2\cos\frac{3\pi}{5} = 2\cos\frac{7\pi}{5} = \frac{1-\sqrt{5}}{2} \end{cases} \Rightarrow \begin{cases} \cos\frac{\pi}{5} = \frac{1+\sqrt{5}}{4} \\ \cos\frac{3\pi}{5} = \frac{1-\sqrt{5}}{4} \end{cases}$$

第4章

やさしい図形問題

2つの正三角形が内接する球の半径を求める問題

●中学生でも解けるか?

この問題は、ピタゴラスの定理だけで解けてしまう問題なので、中学生でも解ける簡単な問題、といわれています。この問題が東大数学入試問題史上もっともやさしいという意見もあります。しかし、空間図形は一般的に苦手な向きが多いので、「もっともやさしい」というには若干無理があるかと思います。

難易度 **B**

半径 r の球面上に4点 A、B、C、D がある。四面体 ABCD の各辺の長さは、
 AB$=\sqrt{3}$、AC=AD=BC=BD=CD=2
を満たしている。このとき r の値を求めよ。

(2001年文理共通)

●まずは図を描いてみよう!

図形問題は「図を正しく描く」ことから始まります。勘を働かせて、特徴をつかんで描くことも重要です。この2つの三角形は、AC=AD=CD、BC=BD=CD から1辺を共有する2つの正三角形(グレーで表示)であり、その頂点の間の距離が $\sqrt{3}$ です。

この図形群の中には正三角形がもう1つあります。右頁上左図の2つの正三角形の高さは $\sqrt{3}$ であり、線分 AB の中点を M、線分

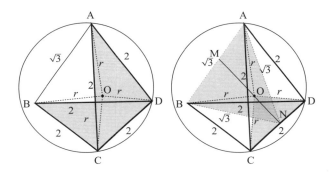

CDの中点をNとすると△ABNも正三角形です。

●ここに気がつくと…

さてここで、MO、NOの長さがわかればrが得られますが、そのためには△OCNと△OAMに注目し、3つの関係を連立させます。△OCNにおいて$ON^2+CN^2=r^2$、△OAMにおいて$OM^2+MA^2=r^2$、そして、$ON+OM=MN=\sqrt{3}\times(\sqrt{3})/2=3/2$です。

$$\begin{cases} MN = \sqrt{3}\times\frac{\sqrt{3}}{2} = \frac{3}{2} = MO + NO \\ MO^2 = r^2 - MA^2 = r^2 - \left(\frac{\sqrt{3}}{2}\right)^2 \\ NO^2 = r^2 - NC^2 = r^2 - 1^2 \end{cases}$$

$$\Rightarrow \sqrt{r^2 - \left(\frac{\sqrt{3}}{2}\right)^2} + \sqrt{r^2 - 1^2} = \frac{3}{2} \Rightarrow \sqrt{r^2 - \left(\frac{\sqrt{3}}{2}\right)^2} = \left(\frac{3}{2} - \sqrt{r^2 - 1}\right)$$

$$\Rightarrow 3\sqrt{r^2 - 1} = 2 \Rightarrow r^2 - 1 = \frac{4}{9} \Rightarrow r = \frac{\sqrt{13}}{3}$$

関係式を複数回平方すること以外はかなり簡単な問題です。

円に内接する四辺形の辺の長さを2次方程式で求める問題

●これは高校数学の問題!

2次方程式と高校数学の正弦定理・余弦定理を組み合わせて解く、少しむずかしい問題です。

難易度**C**

> 四角形 ABCD が、半径 65/8 の円に内接している。この四角形の周の長さが 44 で、辺 BC と辺 CD の長さがいずれも 13 であるとき、残りの 2 辺 AB と DA の長さを求めよ。
>
> (2006年東大／文科)

●まずは図を描いてみよう!

$AB \equiv x$、$AD \equiv y$ とおくと、$x+y=18$ がわかっているので、もう1つ条件があればこの問題は解けます。

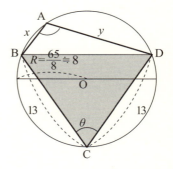

●ここに気がつくと…

円に内接する四角形の向かい合う2つの角の和は180°なので、向かい合う2つの角の cos 値は、大きさが同じで符号が反対です。ここには余弦定理が使えます。一方、外接円の半径がわかっているので、正弦定理を利用すれば同じ角の sin 値はわかります。

これらの関係をどう解くかは2次方程式の問題になります。BDについてのすべての関係を並べてみます。

$$\begin{cases} BD^2 = x^2 + y^2 - 2xy\cos A = 13^2 + 13^2 - 2 \cdot 13^2 \cos\theta \\ BD = 2R\sin A = 2R\sin\theta, \quad R = \dfrac{65}{8} \\ A + \theta = \pi, \quad x + y = 18 \end{cases}$$

まず、x、yがない組合せから$\cos\theta$を、続いてBDを求めます。

$$BD^2 = 2 \cdot 13^2 \cdot (1 - \cos\theta) = 4R^2\sin^2\theta = \dfrac{65^2}{16}(1 - \cos^2\theta)$$

$$\Rightarrow 2 \cdot 13^2 \cdot (1 - \cos\theta) = \dfrac{65^2}{16}(1 - \cos^2\theta)$$

$$\Rightarrow 2(1 - \cos\theta) = \left(\dfrac{5}{4}\right)^2 (1 - \cos^2\theta) = \left(\dfrac{5}{4}\right)^2 (1 - \cos\theta)(1 + \cos\theta)$$

$$1 - \cos A \neq 0 \Rightarrow 2 = \left(\dfrac{5}{4}\right)^2 (1 + \cos\theta) = \dfrac{25}{16}(1 + \cos\theta)$$

$$\cos\theta = \dfrac{32}{25} - 1 = \dfrac{7}{25}$$

$\cos A$とBDを△ABDについての余弦定理に代入します。

$$\begin{cases} (6 \cdot 13)^2 = 25(x^2 + y^2) + 14xy \\ x + y = 18 \end{cases}$$

$$(x + y)^2 = x^2 + y^2 + 2xy = 18^2 \Rightarrow x^2 + y^2 = 18^2 - 2xy$$

$$(6 \cdot 13)^2 = 25(18^2 - 2xy) + 14xy$$

$$36xy = 25(18)^2 - (6 \cdot 13)^2 \Rightarrow xy = 56$$

$$\begin{cases} x + y = 18 \\ xy = 56 \end{cases} \Rightarrow t^2 - 18 + 56 = 0 \Rightarrow (t - 4)(t - 14) = 0 \Rightarrow t = 4, 14$$

したがってABとDAの長さは4と14です。

31 放物線上の正三角形の辺の長さを求める問題

● **これも高校数学の問題!**

ざっと考えても、図形の方程式、ベクトル、複素数と、3つの解法が考えられる名問です。

> 難易度 **C**
>
> xy 平面の放物線 $y=x^2$ 上の3点 P、Q、R が次の条件をみたしている。
>
> △PQR は一辺の長さ a の正三角形であり、点 P、Q を通る直線の傾きは $\sqrt{2}$ である。
>
> このとき、a の値を求めよ。
>
> (2004年東大/文理共通)

● **まずは図を描いてみよう!**

放物線上に正三角形の3つの頂点があり、その1辺の傾き $\sqrt{2}$ から、正三角形の辺の長さを求めます。

放物線 $y=x^2$ 上の2点 P、Q の座標をそれぞれ P(p, p^2)、Q(q, q^2) とおいて始めるのが定石です。

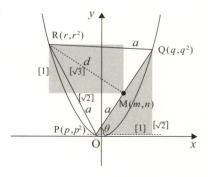

●ここに気がつくと…その1

「PQ=a」「PQの傾きが$\sqrt{2}$」の関係から、p、q、d（≡点Rと線分PQの距離）、rをaで表します。

$$\begin{cases} q^2 - p^2 = \sqrt{2}(q-p) \Rightarrow q+p = \sqrt{2} \\ (q-p)^2 + (q^2-p^2)^2 = a^2 \end{cases}$$

$$(q-p)^2 + (q^2-p^2)^2 = (q-p)^2 + (q-p)^2(q+p)^2$$

$$= (q-p)^2(1+2) = a^2 \Rightarrow q-p = \frac{a}{\sqrt{3}}$$

$$\therefore \begin{cases} q+p = \sqrt{2} \\ q-p = \dfrac{a}{\sqrt{3}} \end{cases} \Rightarrow \begin{cases} q = \dfrac{1}{2}\left(\sqrt{2} + \dfrac{a}{\sqrt{3}}\right) \\ p = \dfrac{1}{2}\left(\sqrt{2} - \dfrac{a}{\sqrt{3}}\right) \end{cases}$$

$$\begin{cases} d = \dfrac{\sqrt{3}}{2}a \\ \dfrac{\sqrt{2}}{2} - r = d \times \dfrac{\sqrt{2}}{\sqrt{3}} = \dfrac{\sqrt{2}}{2}a \Rightarrow r = \dfrac{\sqrt{2}}{2}(1-a) \end{cases}$$

線分PQを表す直線の方程式を求め、点Rとの距離を求めます。

$$y = \frac{q^2-p^2}{q-p}(x-p) + p^2 = (p+q)(x-p) + p^2$$

$$= \sqrt{2}(x-p) + p^2 = \sqrt{2}x + p(p-\sqrt{2})$$

$$= \sqrt{2}x + \frac{1}{2}\left(\sqrt{2} - \frac{a}{\sqrt{3}}\right)\left[\frac{1}{2}\left(\sqrt{2} - \frac{a}{\sqrt{3}}\right) - \sqrt{2}\right]$$

$$= \sqrt{2}x - \frac{1}{4}\left(\sqrt{2} - \frac{a}{\sqrt{3}}\right)\left(\sqrt{2} + \frac{a}{\sqrt{3}}\right) = \sqrt{2}x - \frac{1}{4}\left(2 - \frac{a^2}{3}\right)$$

$$\Rightarrow \sqrt{2}x - y + \left(\frac{a^2}{12} - \frac{1}{2}\right) = 0$$

$$\begin{cases} d = \dfrac{\sqrt{3}}{2}a = \dfrac{\left|\sqrt{2}\cdot r - r^2 + \left(\dfrac{a^2}{12} - \dfrac{1}{2}\right)\right|}{\sqrt{\sqrt{2}^2 + 1^2}} \\ \dfrac{\sqrt{2}}{2} - r = d \times \dfrac{\sqrt{2}}{\sqrt{3}} = \dfrac{\sqrt{3}}{2}a \times \dfrac{\sqrt{2}}{\sqrt{3}} = \dfrac{\sqrt{2}}{2}a \end{cases}$$

$$\Rightarrow \frac{3}{2}a = \left|\frac{a^2}{12} - \left(r^2 - \sqrt{2}r + \frac{1}{2}\right)\right| = \left|\frac{a^2}{12} - \left(r - \frac{\sqrt{2}}{2}\right)^2\right|$$

$$= \left|\frac{a^2}{12} - \left(\frac{\sqrt{2}}{2}a\right)^2\right| = \left|\frac{a^2}{12} - \frac{a^2}{2}\right| = \frac{5}{12}a^2$$

$$\Rightarrow \frac{5}{12}a = \frac{3}{2}(\because a \neq 0) \Rightarrow a = \frac{18}{5}$$

●ここに気がつくと…直線の傾きをtanθで表して解く

　放物線上の2点を結ぶ線分の傾きが、x 座標の和で表されることを利用すると、3つの座標を平等にあつかって解くことができます。線分 PQ の場合は $p+q$ で表されましたが、他の線分 QR、PR でも同様に $q+r$、$p+r$ で表されます。

　線分 PQ の傾きを $\tan \theta$ で表すと、線分 PR の傾きは $\tan(\theta+\pi/3)$、線分 QR の傾きは $\tan(\theta-\pi/3)$ となり、この関係に tan の加法定理を利用すると、$p+q$、$q+r$、$p+r$ の値が得られ、これらから $q-p$ を求めます。

　$a = \sqrt{3}\,(q-p)$ がわかっていて、p、q、r の大小関係は、図から、$r<p<0<q$ であることは明らかです。本問を解くにはこの方法がもっとも簡単なようです。

$$\begin{cases} p+q = \tan\theta = \sqrt{2} \\ p+r = \tan\left(\theta+\dfrac{\pi}{3}\right) = \dfrac{\tan\theta+\tan\dfrac{\pi}{3}}{1-\tan\theta\cdot\tan\dfrac{\pi}{3}} = \dfrac{\sqrt{2}+\sqrt{3}}{1-\sqrt{2}\cdot\sqrt{3}} \\ q+r = \tan\left(\theta-\dfrac{\pi}{3}\right) = \dfrac{\tan\theta-\tan\dfrac{\pi}{3}}{1+\tan\theta\cdot\tan\dfrac{\pi}{3}} = \dfrac{\sqrt{2}-\sqrt{3}}{1+\sqrt{2}\cdot\sqrt{3}} \end{cases}$$

$$\begin{cases} p+r = \left(-\dfrac{1}{5}\right)\left(4\sqrt{2}+3\sqrt{3}\right) \\ q+r = \left(-\dfrac{1}{5}\right)\left(4\sqrt{2}-3\sqrt{3}\right) \end{cases} \Rightarrow q-p = \dfrac{6\sqrt{3}}{5}$$

$$\therefore a = \sqrt{3}(q-p) = \sqrt{3}\cdot\dfrac{6\sqrt{3}}{5} = \dfrac{18}{5}$$

●複素数平面を使って解く

正三角形は「60度の回転」で表現できます。この条件を適用するには複素数を利用する方がはるかに簡単です。きれいな角度を含む図形問題を複素数平面を使って解く方法は、以前は定石だったのですが、2003年度に高校数学から消えました。しかし複素数平面が2011年度から数Ⅲに復活しました。

しかしこの問題ではあまり計算が楽にならないので、本書では複素数平面を使って解く方法の解説は割愛します。

角度がわからないままで最大値を求める三角関数の問題

●これも高校数学の問題!

最大値を与える角度 θ が明確には得られなくても、$\sin\theta$ や $\cos\theta$ さえわかれば、最大値や最小値は得られます。

難易度 **B**

> Oを原点とする座標平面上に点 A($-3,0$) をとり、$0°<\theta<120°$ の範囲にある θ に対して、次の条件 (i), (ii) をみたす 2 点 B、C を考える。
> (i) B は $y>0$ の部分にあり、OB$=2$ かつ $\angle$AOB$=180°-\theta$ である。
> (ii) C は $y<0$ の部分にあり、OC$=1$ かつ $\angle$BOC$=120°$ である。ただし $\triangle$ABC は O を含むものとする。
>
> 以下の問 (1)、(2) に答えよ。
> (1) $\triangle$OAB と $\triangle$OAC の面積が等しいとき、θ の値を求めよ。
> (2) θ を $0°<\theta<120°$ の範囲で動かすとき、$\triangle$OAB と $\triangle$OAC の面積の和の最大値と、そのときの $\sin\theta$ の値を求めよ。

(2010年文科)

●まずは図を描いてみよう!

(1) まず θ を使って面積を表します。$0°<\theta<120°$ によって、点 B の y 座標が正、点 C の y 座標が負であることが確定しており、$\sin\theta>0$、$\sin(120°-\theta)>0$ です。次に面積を等しいとおいて、因数を整理して、

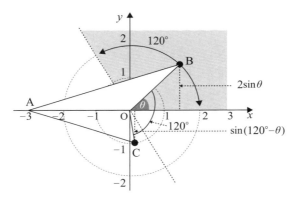

$\sin(120°)$と$\cos(120°)$を計算します。

$$\begin{cases} \triangle\mathrm{OAB} = \dfrac{1}{2}\cdot 3\times 2\times \sin\theta \\ \triangle\mathrm{OAC} = \dfrac{1}{2}\cdot 3\times \sin(120°-\theta) \end{cases}$$

$$0<\theta<120° \Rightarrow \begin{cases} \sin\theta>0 \\ \sin(120°-\theta)>0 \end{cases}$$

$$\triangle\mathrm{OAB} = \triangle\mathrm{OAC}$$

$$\therefore 2\sin\theta = \sin(120°-\theta)$$
$$= \sin(120°)\cos(-\theta)+\cos(120°)\sin(-\theta)$$
$$= \dfrac{\sqrt{3}}{2}\cos\theta + \dfrac{1}{2}\sin\theta \Rightarrow \sqrt{3}\sin\theta = \cos\theta$$
$$\Rightarrow \tan\theta = \dfrac{1}{\sqrt{3}} \Rightarrow \theta = 30°$$

これは三角関数の加法定理を使って $\sin(120°-\theta)$ を分解できれば解ける問題です。

(2) こちらも θ を使って面積を表して合計します。

$\triangle \text{OAB} + \triangle \text{OAC}$
$= \dfrac{1}{2} \cdot 3 \times 2 \times \sin\theta + \dfrac{1}{2} \cdot 3 \times \sin(120° - \theta)$
$= 3\sin\theta + \dfrac{3}{2}\sin(120° - \theta) = 3\sin\theta + \dfrac{3}{2}\left(\dfrac{\sqrt{3}}{2}\cos\theta + \dfrac{1}{2}\sin\theta\right)$
$= \dfrac{15}{4}\sin\theta + \dfrac{3\sqrt{3}}{4}\cos\theta = \dfrac{3}{4}\left(5\sin\theta + \sqrt{3}\cos\theta\right)$

●ここに気がつくと…

　上の式は三角関数の合成公式を利用すれば1つに合成でき、最大値は容易に求まります。ただし、その角度はきれいには求まりません。

$\triangle\text{OAB} + \triangle\text{OAC} = \dfrac{3}{4}\sqrt{28}\left(\dfrac{5}{\sqrt{28}}\sin\theta + \dfrac{\sqrt{3}}{\sqrt{28}}\cos\theta\right)$
$= \dfrac{3}{2}\sqrt{7}\left(\dfrac{5}{2\sqrt{7}}\sin\theta + \dfrac{\sqrt{3}}{2\sqrt{7}}\cos\theta\right) = \dfrac{3}{2}\sqrt{7}\sin(\theta + \alpha)$

$\begin{cases} \cos\alpha = \dfrac{5}{2\sqrt{7}} = \dfrac{5\sqrt{7}}{14} \\ \sin\alpha = \dfrac{\sqrt{3}}{2\sqrt{7}} = \dfrac{\sqrt{21}}{14} \end{cases}$

$(\triangle\text{OAB} + \triangle\text{OAC})_{\max} = \dfrac{3}{2}\sqrt{7} \quad (\theta + \alpha = 90°)$

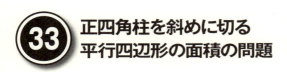

33 正四角柱を斜めに切る 平行四辺形の面積の問題

●三角関数とベクトルの最新の問題です！

難易度 **B**

1辺の長さが1の正方形を底面とする四角柱 OABC-DEFG を考える。3点 P、Q、R を、それぞれ辺 AE、辺 BF、辺 CG 上に、4点 O、P、Q、R が同一平面上にあるようにとる。四角形 OPQR の面積を S とおく。また、∠AOP を α、∠COR を β とおく。

(1) S を $\tan\alpha$ と $\tan\beta$ を用いて表せ。

(2) $\alpha+\beta=\dfrac{\pi}{4}$, $S=\dfrac{7}{6}$ であるとき、$\tan\alpha+\tan\beta$ の値を求めよ。さらに $\alpha\leqq\beta$ のとき、$\tan\alpha$ の値を求めよ。

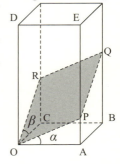

(2014年理科)

[ヒント]

正四角柱を平面で切ったら、断面は平行四辺形です。問題文に「ベクトル」とは一言もありませんが、空間における平行四辺形の面積は、ベクトルの内積を利用して算出します。

●平行四辺形の面積算出にはベクトルの内積を利用する！

(1) 空間における平行四辺形の面積は、座標や辺の長さを考えるよ

りは、ベクトルの内積で表すのが最適です。

$$\begin{cases} S = |\vec{a}||\vec{b}|\sin\theta \\ \vec{a}\cdot\vec{b} = |\vec{a}||\vec{b}|\cos\theta \end{cases}$$

$$\Rightarrow S = |\vec{a}||\vec{b}|\sqrt{1-\left(\frac{\vec{a}\cdot\vec{b}}{|\vec{a}||\vec{b}|}\right)^2}$$

$$= \sqrt{\left(|\vec{a}||\vec{b}|\right)^2 - \left(\vec{a}\cdot\vec{b}\right)^2}$$

$$\begin{cases} \vec{a} = \overrightarrow{OP} = (1, 0, \tan\alpha) \\ \vec{b} = \overrightarrow{OR} = (0, 1, \tan\beta) \end{cases}$$

$$\Rightarrow \begin{cases} \left(|\vec{a}||\vec{b}|\right)^2 = \left(1 + \tan^2\alpha\right)\left(1 + \tan^2\beta\right) \\ \left(\vec{a}\cdot\vec{b}\right) = \tan\alpha\tan\beta \end{cases}$$

$$\therefore S = \sqrt{\left(1 + \tan^2\alpha\right)\left(1 + \tan^2\beta\right) - \tan^2\alpha\tan^2\beta}$$

$$= \sqrt{1 + \tan^2\alpha + \tan^2\beta}$$

(2) 与えられた値を代入すると $\tan\alpha$ と $\tan\beta$ の基本対称式が得られます。

$$\begin{cases} S = \dfrac{7}{6} \Rightarrow S^2 = \left(\dfrac{7}{6}\right)^2 = 1 + \tan^2\alpha + \tan^2\beta \\ \tan^2\alpha + \tan^2\beta = \left(\tan\alpha + \tan\beta\right)^2 - 2\tan\alpha\tan\beta \\ \tan(\alpha + \beta) = \tan\dfrac{\pi}{4} = 1 = \dfrac{\tan\alpha + \tan\beta}{1 - \tan\alpha\tan\beta} \end{cases}$$

$\tan\alpha$ と $\tan\beta$ を次のように置き換えて、x についての2次方程式を解きます。

$$\begin{cases} \tan\alpha + \tan\beta \equiv x \\ \tan\alpha \tan\beta \equiv y \end{cases} \Rightarrow \begin{cases} x^2 - 2y = \left(\dfrac{7}{6}\right)^2 - 1 = \dfrac{13}{36} \\ x = 1 - y \end{cases}$$

$$x^2 - 2(1-x) = x^2 + 2x - 2 = \dfrac{13}{36}$$

$$36x^2 + 72x - 72 - 13 = 36x^2 + 72x - 85 = 0$$

$$(6x - 5)(6x + 17) = 0 \Rightarrow x = \dfrac{5}{6}, -\dfrac{17}{6}$$

x が2つ得られますが、明らかに x、$y > 0$ なので、x は次のように定まります。

$$\alpha + \beta = \dfrac{\pi}{4} \Rightarrow 0 \leq \alpha, \beta \leq \dfrac{\pi}{4} \Rightarrow 0 \leq \tan\alpha, \tan\beta \leq 1$$

$$x > 0 \Rightarrow x = \dfrac{5}{6} \Rightarrow \tan\alpha + \tan\beta = \dfrac{5}{6}$$

●ここに気がつくと…

次に $\tan\alpha$ を求めます。$\tan\alpha$ と $\tan\beta$ ($\alpha \leq \beta$) は、次の t についての方程式の2解です。

$$y = 1 - x = \dfrac{1}{6}$$

$$\begin{cases} \tan\alpha + \tan\beta = \dfrac{5}{6} \\ \tan\alpha \tan\beta = \dfrac{1}{6} \end{cases} \Rightarrow t^2 - \dfrac{5}{6}t + \dfrac{1}{6} = 0 \Rightarrow 6t^2 - 5t + 1 = 0$$

$$(2t - 1)(3t - 1) = 0 \Rightarrow t = \tan\alpha, \tan\beta = \dfrac{1}{2}, \dfrac{1}{3}$$

$$\alpha \leq \beta \Rightarrow \tan\alpha \leq \tan\beta \Rightarrow \tan\alpha = \dfrac{1}{3}$$

これで $\tan\alpha$ が求まりました。

34 sin(π/10)の値を二等辺三角形から求める問題

●半端な角度の三角関数値を図形から求める問題…その1

P.95 では相反方程式を解いて $\cos(\pi/5)$ の値を求めましたが、二等辺三角形を利用すると $\sin(\pi/10)$ の値を得ることができ、これに倍角公式を適用すれば $\cos(\pi/5)$ の値も容易に求めることができます。

難易度 **B**

AB=AC、BCの長さが1、∠Aが $\pi/5$ の二等辺三角形ABCを考える。頂点A、B、Cから∠A、∠B、∠Cの二等分線を引き、対応する辺との交点を、それぞれP、Q、Rとする。このとき、三角関数の値 $\sin(\pi/10)$ を求めよ。

（2012年横浜市大／医、改題）

[ヒント]

二等辺三角形の頂角が $\pi/5$ なので、BP/AB の値がわかればよいということです。

●ここに気がつくと…

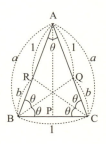

△ARC において∠RAC＝∠RCA＝θ より AR＝CR、∠RCB＝θ、∠CBR＝2θ より △ABC ∽ △CBR、したがって CR＝CB。以上合わせて AR＝BC＝1。∴ $a=b+1$。

$$\begin{cases} AB=AC=a \\ CQ=BR=b \\ BC=1 \end{cases} \Rightarrow \begin{cases} \theta \equiv \dfrac{\pi}{5} \\ AR=AQ=1 \Rightarrow a=b+1 \\ \sin\dfrac{\pi}{10}=\dfrac{BP}{AB}=\dfrac{1}{2(b+1)} \end{cases}$$

角の二等分線の定理から b の値がわかり、したがって正弦値がわかります。

$$1:b=b+1:1 \Rightarrow b(b+1)-1=b^2+b-1=0$$
$$b=\dfrac{-1\pm\sqrt{5}}{2}>0 \Rightarrow b=\dfrac{\sqrt{5}-1}{2}$$
$$\sin\dfrac{\pi}{10}=\dfrac{1}{2(b+1)}=\dfrac{1}{\sqrt{5}+1}=\dfrac{\sqrt{5}-1}{4}$$

［補足］

倍角公式を適用して、cos(π/5) の値を求めておきます。

$$\cos\dfrac{\pi}{5}=1-2\sin^2\dfrac{\pi}{10}=1-2\cdot\left(\dfrac{\sqrt{5}-1}{4}\right)^2=\dfrac{2+2\sqrt{5}}{8}=\dfrac{\sqrt{5}+1}{4}$$

本問の二等辺三角形は、次問の正五角形と下図のような関係にあります。そしてこの図から、BP/AB=sin(π/10)=cos(2π/5) がわかります。

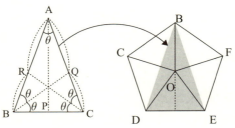

35 正五角形から cos(2π/5) を求める問題

● 半端な角度の三角関数値を図形から求める問題…その2

前問は $\sin(\pi/10)$ の問題でしたが、今度は $\cos(2\pi/5)$ を直接求める問題です。実はこれらの値は一致します（前頁図参照）。

難易度 B

正五角形 BCDEF を底面として持つすべての辺の長さが2の五角錐 ABCDEF について考える。

(1) 対角線BEとCFの交点をGとおくと、△BCFと△GFBは相似になる。このことより、BE、BGの長さと $\cos\dfrac{2\pi}{5}$ の値を求めよ。

(2) 頂点Aから底面に下ろした垂線をAOとおくとき、OA^2 と OB^2 の長さを求めよ。

(3) $\overrightarrow{AB}\cdot\overrightarrow{AD}$ の値を求めよ。

（2013年順天堂大／医、改題）

[ヒント]

正五角形の内角の大きさは $3\pi/5$ であり、$\cos(2\pi/5)=-\cos(3\pi/5)$ の関係から $\cos(2\pi/5)$ の値を得ます。(1)では、2次方程式を利用します。

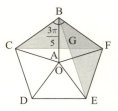

● ここに気がつくと…

(1) CF∥DE、BE∥CDより、四辺形CDEGは平行四辺形であり、

CD=DE=2から四辺形CDEGは各辺の大きさが2のひし形です。さらに△BCF∽△GFBからBC:CF=FB:BGが成立することから、BG=FG≡x とおくと、「$x+2$：$2=2：x$」が成立します。この方程式を解いて得たxからCFがわかり、△BCFに余弦定理を適用すると∠CBF=$\cos(3\pi/5)$が得られます。

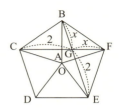

$$BG \equiv x$$
$$(x+2):2 = 2:x \Rightarrow x(x+2) = 4 \Rightarrow x^2 + 2x - 4 = 0$$
$$x = \frac{-2 \pm \sqrt{4+16}}{2} = -1 \pm \sqrt{5} > 0 \Rightarrow x = BG = \sqrt{5}-1$$
$$\Rightarrow CF = BE = BG + 2 = \sqrt{5}+1$$
$$\begin{cases} \angle CBF = \dfrac{3\pi}{5} \Rightarrow \cos\angle CBF = \cos\dfrac{3\pi}{5} \Rightarrow \cos\dfrac{2\pi}{5} = -\cos\angle CBF \\ CF^2 = BC^2 + BF^2 - 2BC \cdot BF \cos\angle CBF \end{cases}$$
$$\Rightarrow \cos\frac{2\pi}{5} = \frac{CF^2 - BC^2 - BF^2}{2BC \cdot BF} = \frac{\left(\sqrt{5}+1\right)^2 - 4 - 4}{8} = \frac{\sqrt{5}-1}{4}$$
$$\therefore \begin{cases} BE = \sqrt{5}+1 \\ BG = \sqrt{5}-1 \\ \cos\dfrac{2\pi}{5} = \dfrac{\sqrt{5}-1}{4} \end{cases}$$

(2) OA^2とOB^2の長さを求めるには、∠BOC=$2\pi/5$であって、(1)の結果から$\cos 2\pi/5$がわかっているので、余弦定理からOBの長さを求めて、ピタゴラスの定理からOAを求めるのが簡単です。OB=OC=yとおいて、△OBCに着目してOBの長さを求めます。

$$\begin{cases} \angle BOC = \dfrac{2\pi}{5} \\ BC = 2 \\ OB = OC \equiv y \\ BC^2 = OB^2 + OC^2 - 2OB \cdot OC \cos \angle BOC \end{cases}$$

$$2^2 = 2y^2 - 2y^2 \cdot \dfrac{\sqrt{5}-1}{4} = 2y^2 \left(\dfrac{5-\sqrt{5}}{4} \right) \Leftrightarrow 8 = y^2(5-\sqrt{5})$$

$$OB^2 = y^2 = \dfrac{8}{5-\sqrt{5}} = \dfrac{8}{20}(5+\sqrt{5}) = \dfrac{10+2\sqrt{5}}{5}$$

$$OA^2 = 2^2 - OB^2 = 4 - \dfrac{2}{5}(5+\sqrt{5}) = \dfrac{10-2\sqrt{5}}{5}$$

(3)は、(1)の結果からBD、ABの大きさがわかっているので、△ABDにベクトルの 余弦定理を適用します。

$$\begin{cases} AB = AD = 2 \\ BD = \sqrt{5}+1 \end{cases}$$

$$\overrightarrow{BD}^2 = \left(\overrightarrow{BA} + \overrightarrow{AD} \right)^2 = \overrightarrow{AB}^2 + \overrightarrow{AD}^2 + 2\overrightarrow{BA} \cdot \overrightarrow{AD}$$

$$\overrightarrow{AB} \cdot \overrightarrow{AD} = -\overrightarrow{BA} \cdot \overrightarrow{AD} = \dfrac{1}{2}\left(\overrightarrow{AB}^2 + \overrightarrow{AD}^2 - \overrightarrow{BD}^2 \right)$$

$$= \dfrac{1}{2}\left(4 + 4 - \left(\sqrt{5}+1\right)^2 \right) = \dfrac{2-2\sqrt{5}}{2} = 1-\sqrt{5}$$

[補足]

1993年にお茶の水女子大で「cos2π/5を求めよ。」という史上2番目に短い12文字の問題が出題されました。P.90で示した相反方程式でも解けますが、本問の(1)を利用するともっとも簡単に解けます。

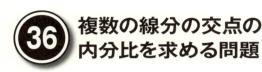

36 複数の線分の交点の内分比を求める問題

●ベクトル方程式の基本問題

次問の東大の若干むずかしい問題をご紹介する前に、その基礎となるベクトル方程式の単純な問題を紹介します。ベクトル方程式の主な用途は、線分の内分比を未知数においてその内分比を求めることにより、点の位置を求めるものです。

> 難易度 **B**
>
> 平行四辺形 ABCD において、辺 AB を1:1に内分する点を E、辺 BC を2:1に内分する点を F、辺 CD を3:1に内分する点を G とする。線分 CE と線分 FG の交点を P とし、線分 AP を延長した直線と辺 BC との交点を Q とするとき、比 AP:PQ を求めよ。
>
> (2013年京大／文理共通)

●まずは図を描いてみよう!

点 P が「線分 EC の内分点」であることと「線分 FG の内分点」であることから1つのベクトルを2つのベクトルの組で2通りに表わせれば、係数を比較して点 P のベクトル構成を決めることができます。

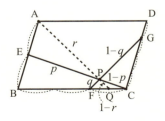

●ここに気がつくと…

2つの独立なベクトルの1次結合で2通りに表現できる場合、それぞれの係数は等しい、ということを利用します。

$$\begin{cases} \text{EP} : \text{PC} \equiv p : 1-p \\ \text{FP} : \text{PG} \equiv q : 1-q \\ \text{AP} : \text{PQ} \equiv r : 1-r \end{cases}$$

$$\overrightarrow{\text{BP}} = (1-p)\overrightarrow{\text{BE}} + p\overrightarrow{\text{BC}} = (1-q)\overrightarrow{\text{BF}} + q\overrightarrow{\text{BG}}$$

$$\begin{cases} \overrightarrow{\text{BA}} \equiv \vec{a} \\ \overrightarrow{\text{BC}} \equiv \vec{b} \end{cases} \Rightarrow \begin{cases} \overrightarrow{\text{BE}} = \dfrac{1}{2}\vec{a} \\ \overrightarrow{\text{BF}} = \dfrac{2}{3}\vec{b} \\ \overrightarrow{\text{CG}} = \dfrac{3}{4}\vec{a} \Rightarrow \overrightarrow{\text{BG}} = \vec{b} + \dfrac{3}{4}\vec{a} \end{cases}$$

$$\Rightarrow (1-p)\frac{1}{2}\vec{a} + p \cdot \vec{b} = (1-q)\frac{2}{3}\vec{b} + q\left(\vec{b} + \frac{3}{4}\vec{a}\right)$$

ここで両方の係数が等しいとおくと、これで1つのベクトル表現が得られます。

$$6(1-p)\vec{a} + 12p\vec{b} = 8(1-q)\vec{b} + q(12\vec{b} + 9\vec{a})$$

$$\vec{a}[6(1-p) - 9q] = \vec{b}[8(1-q) + 12q - 12p]$$

$$\begin{cases} 6(1-p) - 9q = 0 \\ 8(1-q) + 12q - 12p = 4q + 8 - 12p = 0 \end{cases} \Rightarrow \begin{cases} q = \dfrac{2}{3}(1-p) \\ q = 3p - 2 \end{cases}$$

$$q = 3p - 2 = \frac{2}{3}(1-p) \Rightarrow 9p - 6 = 2 - 2p \Rightarrow 11p = 8 \Rightarrow p = \frac{8}{11}$$

$$\therefore \overrightarrow{\text{BP}} = (1-p) \cdot \frac{1}{2}\vec{a} + p\vec{b} = \frac{3}{22}\vec{a} + \frac{8}{11}\vec{b}$$

次に、BQ=sBCとして点Qの位置を設定し、点PがAQの内

分点でもあるとすると AP:PQ=r:($1-r$) が得られます。この r を使ったベクトル表現は、左頁で求めたベクトル表現に一致することから r を求めます。BQ=sBC としてパラメータ s を設定しますが、これを求める必要はありません。

$$\overrightarrow{BP} = (1-r)\overrightarrow{BA} + r\overrightarrow{BQ} \equiv (1-r)\vec{a} + r(s\vec{b})$$

$$\begin{cases} \dfrac{3}{22} = 1-r \\ \dfrac{8}{11} = rs \end{cases} \Rightarrow r = 1 - \dfrac{3}{22} = \dfrac{19}{22}$$

$$\Rightarrow AP:PQ = r:1-r = \dfrac{19}{22}:\dfrac{3}{22} = 19:3$$

これで AP:PQ が決まりました。

[補足]

本問で利用したのは、右図のようなベクトル方程式です。独立な2つのベクトルに対してパラメータ t を使ってその終点をつなぐ線分 AB 上の位置を表すベクトルをつくっています。

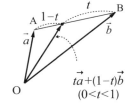

●ベクトルの内分点(線分)

できあがったベクトル表現においては、t は一意(パラメータは1つしかありえない)なので、複数つくれてもそれらはかならず一致します。

次問では、このような線分ではなく $t<0$ の場合、すなわち、線分 AB から点 B を超えた位置を表すベクトルを利用します。

37 線分の交点の内分比と内積を使う四面体の体積の問題

● **ベクトル方程式を使った少しむずかしい問題!**

前問で取り上げたベクトル方程式を使って、もう少しむずかしい問題を解説します。内分点をあつかう問題としては特級品の名問です。

難易度 **C**

四面体 OABC において、4つの面はすべて合同であり、OA=3、OB=$\sqrt{7}$、AB=2 であるとする。また、3点 O、A、B を含む平面を L とする。

(1) 点Cから平面Lにおろした垂線の足をHとおく。$\overrightarrow{OH}$ を $\overrightarrow{OA}$ と $\overrightarrow{OB}$ を用いて表せ。

(2) $0<t<1$ をみたす実数 t に対して、線分 OA、OB 各々を $t:1-t$ に内分する点をそれぞれ P_t、Q_t とおく。2点 P_t、Q_t を通り、平面Lに垂直な平面をMとするとき、平面Mによる四面体 OABC の切り口の面積 $S(t)$ を求めよ。

(3) t が $0<t<1$ の範囲を動くとき、$S(t)$ の最大値を求めよ。

（2010年理科）

● **まず図を描いて考える!**

見慣れない辺の長さを持つ三角形が4つ組み合わさって構成される四面体です。この四面体 OABC は、右頁右上図のように、直方体の頂点を結んでできあがる立体であることに気がつけば、立体のイメージがわかりやすいでしょう（P.28 参照）。

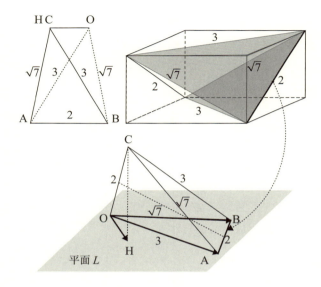

平面 L

● ベクトル方程式を利用する

「$\overrightarrow{OH}$を$\overrightarrow{OA}$と$\overrightarrow{OB}$を用いて表す」とは、「$\overrightarrow{OH} = p\overrightarrow{OA} + q\overrightarrow{OB}$」という表示を求めるということです。独立した2つのベクトルがあれば、任意のベクトルを表現することができます。

$$\begin{cases} \overrightarrow{OA} \equiv \vec{a} \\ \overrightarrow{OB} \equiv \vec{b} \\ \overrightarrow{OH} \equiv p\vec{a} + q\vec{b} \end{cases} \quad \begin{cases} \overrightarrow{OC} \equiv \vec{c}, \quad \overrightarrow{CH} = \overrightarrow{OH} - \overrightarrow{OC} \\ \overrightarrow{CH} \cdot \overrightarrow{OA} = 0 \\ \overrightarrow{CH} \cdot \overrightarrow{OB} = 0 \end{cases}$$

$$\begin{cases} \overrightarrow{CH} \cdot \overrightarrow{OA} = (p\vec{a} + q\vec{b} - \vec{c}) \cdot \vec{a} = p|\vec{a}|^2 + q\vec{a} \cdot \vec{b} - \vec{a} \cdot \vec{c} = 0 \\ \overrightarrow{CH} \cdot \overrightarrow{OB} = (p\vec{a} + q\vec{b} - \vec{c}) \cdot \vec{b} = p\vec{a} \cdot \vec{b} + q|\vec{b}|^2 - \vec{b} \cdot \vec{c} = 0 \end{cases}$$

ここで、$\overrightarrow{CH}$が平面 L に垂直であることを利用するために、余弦

定理を利用します。

$$\begin{cases} \left|\vec{a}-\vec{b}\right|^2 = 2^2 = \left|\vec{a}\right|^2 + \left|\vec{b}\right|^2 - 2\vec{a}\cdot\vec{b} \Rightarrow \vec{a}\cdot\vec{b} = \dfrac{9+7-4}{2} = 6 \\ \left|\vec{b}-\vec{c}\right|^2 = 3^2 = \left|\vec{b}\right|^2 + \left|\vec{c}\right|^2 - 2\vec{b}\cdot\vec{c} \Rightarrow \vec{b}\cdot\vec{c} = \dfrac{7+4-9}{2} = 1 \\ \left|\vec{c}-\vec{a}\right|^2 = 2^2 = \left|\vec{c}\right|^2 + \left|\vec{a}\right|^2 - 2\vec{c}\cdot\vec{a} \Rightarrow \vec{c}\cdot\vec{a} = \dfrac{4+9-7}{2} = 3 \end{cases}$$

$$\Rightarrow \begin{cases} 9p+6q-3=0 \\ 6p+7q-1=0 \end{cases} \Rightarrow \begin{cases} 18p+12q-6=0 \\ 18p+21q-3=0 \end{cases}$$

$$\Rightarrow 12q-6 = 21q-3 \Rightarrow 9q=-3 \Rightarrow q=-\dfrac{1}{3}$$

$$6p = 1-7q = 1+\dfrac{7}{3} = \dfrac{10}{3} \Rightarrow p=\dfrac{5}{9}$$

$$\therefore \overrightarrow{\mathrm{OH}} = \dfrac{5}{9}\vec{a} - \dfrac{1}{3}\vec{b}$$

●ここに気がつくと…

　平面 L に垂直な平面 M が四面体 OABC を切る断面は、下図に示すように、平面 M が頂点 C を含む場合の前後で、点 O 側

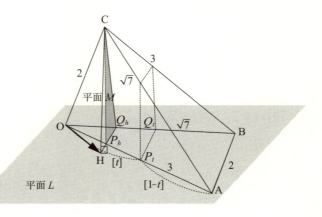

の三角形から線分 AB 側の台形に変わります。

点 P_t、Q_t を通る直線は線分 AB に平行なので、この直線を含む平面 M が頂点 C を含む場合の t の値を h とおいて、h や面積 $S(h)$ を求めます。

$\overrightarrow{OH}$ は、(1) で $\overrightarrow{OA}$ と $\overrightarrow{OB}$ の組み合わせで表現されていますが、この平面 M は、点 C から平面 L におろした垂線の足 H を含むので、点 H は線分 OA、OB を $h:1-h$ に内分する点 P_h、Q_h を結んだ線分 P_hQ_h の延長線上で、線分 P_hQ_h を $x:1-x$ に内分（$x<0$ の場合は外分になる）する点にあります。これがキーポイントです。

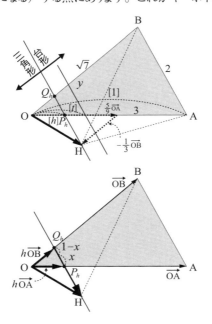

点 H は、最初に計算しやすいように「線分 P_hQ_h を $x:1-x$ に内

分する点」とおきましたが、線分 P_hQ_h の点 P_h の側に飛び出しているため x は負の値をとります。

$$\begin{cases} \overrightarrow{OH} = \dfrac{5}{9}\vec{a} - \dfrac{1}{3}\vec{b} = (1-x)\overrightarrow{OP_h} + x\overrightarrow{OQ_h} \\ \overrightarrow{OP_h} = h\vec{a}, \quad \overrightarrow{OQ_h} = h\vec{b} \end{cases}$$

$$\Rightarrow \dfrac{5}{9}\vec{a} - \dfrac{1}{3}\vec{b} = (1-x)h\vec{a} + xh\vec{b}$$

$$\Rightarrow \begin{cases} \dfrac{5}{9} = (1-x)h = h - hx \\ -\dfrac{1}{3} = xh \end{cases} \Rightarrow \begin{cases} h = -\dfrac{1}{3} + \dfrac{5}{9} = \dfrac{2}{9} \\ x = -\dfrac{1}{3h} = -\dfrac{3}{2} \end{cases}$$

つまり、$0<t<h=2/9$ の場合は断面が三角形、$t>h=2/9$ の場合は断面が台形となります。次に面積 $S(t)$ を求めます。

断面が三角形の場合、$\triangle OP_hQ_h$ と $\triangle OAB$ が相似なので、断面の三角形の底辺の長さ P_hQ_h は、$\triangle OAB$ の面積に相似比 (t/h) の2乗をかけたものです。

$$\begin{cases} S(h) = \dfrac{1}{2} \cdot 2h \cdot |\overrightarrow{CH}| = \dfrac{2}{9}|\overrightarrow{CH}| \\ S(t) = S(h) \times \left(\dfrac{t}{h}\right)^2 = \dfrac{81}{4}S(h)t^2 \quad \left(t \leq \dfrac{2}{9}\right) \\ |\overrightarrow{OC}|^2 = 2^2 = |\overrightarrow{OH}|^2 + |\overrightarrow{CH}|^2 \\ \overrightarrow{OH} = \dfrac{5}{9}\vec{a} - \dfrac{1}{3}\vec{b} \end{cases}$$

$$|\overrightarrow{OH}|^2 = \left(\dfrac{5}{9}\right)^2|\vec{a}|^2 - 2 \cdot \dfrac{5}{9} \cdot \dfrac{1}{3}\vec{a} \cdot \vec{b} + \left(\dfrac{1}{3}\right)^2|\vec{b}|^2$$

$$= \left(\dfrac{5}{9}\right)^2 \cdot 9 - 2 \cdot \dfrac{5}{9} \cdot \dfrac{1}{3} \cdot 6 + \left(\dfrac{1}{3}\right)^2 \cdot 7 = \dfrac{1}{9}(25 - 20 + 7) = \dfrac{4}{3}$$

$$|\overrightarrow{CH}| = \sqrt{4 - \frac{4}{3}} = \sqrt{\frac{8}{3}} = \frac{2\sqrt{6}}{3}$$
$$\therefore S(h) = \frac{2\sqrt{6}}{3}h = \frac{4\sqrt{6}}{27} \Rightarrow S(t) = 3\sqrt{6}t^2$$

断面が台形の場合は、四角錐 $CABPhQh$ の中の相似を考えます。下底の大きさ y は $2:y=1:t$ から $y=2t$、上底を z とおくとこれは $2:z=7/9:t-2/9$ から得られます。高さ u も同様に比例計算から得られます。

立体図形の問題では、三角形を探して比例関係を探し出す作業が重要です。結果としてこれが計算の手間を省いてくれます。この計算で利用した三角形を薄いグレーで示しました。

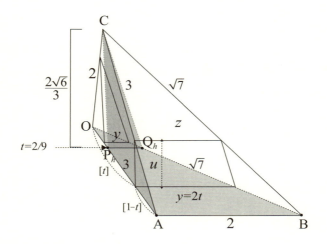

台形の面積は次のように計算します。

$$\begin{cases} S(t) = \dfrac{1}{2}(y+z)u \quad \left(t \geq \dfrac{2}{9}\right) \\ y = 2t \\ 2 : z = \dfrac{7}{9} : t - \dfrac{2}{9} \Rightarrow z = \dfrac{18}{7}\left(t - \dfrac{2}{9}\right) \\ \dfrac{2\sqrt{6}}{3} : u = \dfrac{7}{9} : 1 - t \Rightarrow u = \dfrac{6\sqrt{6}}{7}(1-t) \end{cases}$$

$$\Rightarrow S(t) = \dfrac{1}{2}\left[2t + \dfrac{18}{7}\left(t - \dfrac{2}{9}\right)\right]\dfrac{6\sqrt{6}}{7}(1-t) = \dfrac{12\sqrt{6}}{49}(1-t)(8t-1)$$

(3) S(t)の変化を調べて最大値を求めます。0<t≦2/9の場合は単調増加の2次関数、2/9≦t<1の場合は上に凸の2次関数であり、ここで最大値が生じます。増減表かグラフを利用して示します。

$$S(t) = \dfrac{12\sqrt{6}}{49}f(t), \quad f(t) = (1-t)(8t-1)$$

とおくと、$f(t)$ は $t=1/8$ と $t=1$ で x 軸と交差する2次関数なので、交点の中点 $t=9/16$ で最大値をとります。したがって、S(t) は $t=9/16$ で次の最大値をとります。

$$S\left(\dfrac{9}{16}\right) = \dfrac{12\sqrt{6}}{49}\left(1 - \dfrac{9}{16}\right)\left(8 \cdot \dfrac{9}{16} - 1\right) = \dfrac{12\sqrt{6}}{49} \cdot \dfrac{7}{16} \cdot \dfrac{7}{2} = \dfrac{3\sqrt{6}}{8}$$

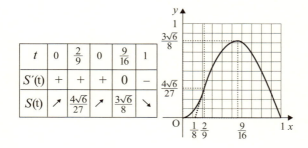

第5章

やさしい数列と その応用問題

38 等差数列・等比数列の基礎問題

●最初は基礎問題を紹介します！

数学の入試問題では、数列と漸化式の問題が多く見られます。多分半分くらいの問題には数列と漸化式が登場するのではないでしょうか。特に次章の確率や最終章の微積分ではこれらが多く登場します。しかしかなり以前に学んだ方々にとっては、当時はわかっ

難易度 **A**

以下の問いに答えよ．

(1) 初項a、公差dの等差数列$\{a_n\}$ ($n=1,2,3,\cdots$)において、

$$a_1 + a_2 + \cdots + a_n = \frac{n\{2a + (n-1)d\}}{2}$$

となることを証明せよ。

(2)(i) nは自然数とする。このとき、

$$1 - x^n = (1-x)(1 + x + \cdots + x^{n-1})$$

が成り立つことを数学的帰納法を用いて証明せよ。

(ii) 初項a、公比rの等比数列$\{a_n\}$ ($n=1,2,3,\cdots$)において、

$$a_1 + a_2 + \cdots + a_n = \begin{cases} na & (r=1 のとき) \\ \dfrac{a(1-r^n)}{1-r} & (r \neq 1 のとき) \end{cases}$$

となることを証明せよ。

(2009年 佐賀大／教育)

ていても突然登場されては解ける問題も解けないと思いますので、本章の冒頭で基礎問題を数題紹介しておきます。まずは等差数列と等比数列の公式を証明する基礎問題です。

等差数列では各項を初項と公差に分解して、ひっくりがえして合計して2で割ります（この各項を自然数としたものを次問で紹介します）。等比数列では「1つずらして合計」しますが、この問題ではその「ずらした成果」を表す数式を(2)で証明させています。

●順番を逆にして足すと何が起きるか！

等差数列の一般項は次のように書けます。その部分和を S_n と定義します。また問題では Σ は使われていませんが、本書では随所で使用します。

$$\begin{cases} a_n = a + (n-1)d \\ S_n = \sum_{k=1}^{n} a_k \end{cases}$$

2つの S_n を逆向きに並べて加えると、「初項+最終項」、「第2項+最終項の1つ前の項」、…「最終項+初項」がすべて同じになります。

$$2S_n = 2\sum_{k=1}^{n} a_k = (a_1 + a_2 + \cdots + a_n) + (a_n + \cdots + a_2 + a_1)$$

$$\begin{cases} a_1 + a_n = a + [a + (n-1)d] = 2a + (n-1)d \\ a_2 + a_{n-1} = [a+d] + [a+(n-2)d] = 2a + (n-1)d \\ \vdots \quad \vdots \quad \vdots \quad \vdots \quad \vdots \\ a_n + a_1 = a + (n-1)d + a = 2a + (n-1)d \end{cases}$$

これらの和は右辺の n 倍となり、次の関係が得られます。

$$2S_n = n[2a+(n-1)d] \Rightarrow S_n = \frac{n\{2a+(n-1)d\}}{2}$$

●ここに気がつくと…

(2)(i) 自然数nについての関係式なので、数学的帰納法で証明します。まず$n=1$の場合は両辺が$1-x$となって成立します。次にnの場合を仮定して、両辺に$(1-x)x^n$を加えて$n+1$の場合の与式の成立を証明します。

$$1-x^n \equiv (1-x)(1+x+x^2+\cdots+x^{n-1})$$
$$1-x^n+(1-x)x^n = 1-x^n+x^n-x^{n+1} = 1-x^{n+1}$$
$$1-x^n+(1-x)x^n$$
$$=(1-x)(1+x+x^2+\cdots+x^{n-1})+(1-x)x^n$$
$$=(1-x)(1+x+x^2+\cdots+x^{n-1}+x^n)$$
$$\therefore 1-x^{n+1} = (1-x)(1+x+x^2+\cdots+x^{n-1}+x^n)$$

したがって与式が成立します。

(2)(ii) 等比数列の一般項a_nと部分和S_nは次のように書けます。

$$\begin{cases} a_n = ar^{n-1} \\ S_n = \sum_{k=1}^{n} a_k = a\sum_{k=1}^{n} r^{k-1} \end{cases}$$

この関係に(2)(i)の関係を適用します。

$$\begin{cases} a_n = ar^{n-1} \\ S_n = \sum_{k=1}^{n} a_k = a\sum_{k=1}^{n} r^{k-1} \end{cases}$$
$r=1$: $S_n = na$
$r \neq 1$:
 (2)(i): $1-x^{n+1} = (1-x)(1+x+\cdots+x^n)$

$$\Rightarrow 1+r+\cdots+r^n = \frac{1-r^{n+1}}{1-r}$$

$$\begin{cases} S_n = a(1+r+\cdots+r^n) \\ 1+r+\cdots+r^n = \dfrac{1-r^{n+1}}{1-r} \end{cases} \Rightarrow S_n = a\frac{1-r^n}{1-r}$$

$$\therefore S_n = \begin{cases} na & (r=1) \\ \dfrac{a(1-r^n)}{1-r} & (r \neq 1) \end{cases}$$

[補足]

教科書に記載されている「ずらして引き算」の手法では、次のように計算します。

$$S_n - rS_n = a(1+r+\cdots+r^{n-1}) - ar(1+r+\cdots+r^{n-1})$$
$$= a(1+r+\cdots+r^{n-1}) - a(r+r^2+\cdots+r^{n-1}+r^n) = a(1-r^n)$$
$$\Rightarrow S_n = \frac{a(1-r^n)}{1-r}$$

どうです? 思い出されましたでしょうか。

等差数列や等比数列の公式は、次のように変形して利用した方が便利なことがあります。

$$\begin{cases} S_n = \displaystyle\sum_{k=1}^{n}[a+(n-1)d] \Rightarrow \dfrac{n(a_n+a_1)}{2} \\ S_n = \displaystyle\sum_{k=1}^{n}(ar^{k-1}) = \dfrac{a(1-r^n)}{1-r} = \dfrac{a(r^n-1)}{r-1} \end{cases}$$

自然数の1乗和・2乗和・3乗和を求める問題

●基礎問題をもう1題紹介します!

本問も基礎公式の証明の問題です。本章以降随所で利用しますので、この公式も思い出してください。

難易度 **A**

以下の問いに答えよ。答えだけでなく、必ず証明も記せ。
(1) 和 $1+2+\cdots+n$ を n の多項式で表せ。
(2) 和 $1^2+2^2+\cdots+n^2$ を n の多項式で表せ。
(3) 和 $1^3+2^3+\cdots+n^3$ を n の多項式で表せ。

(2010年 九州大文系)

●上手な定義も解法の1つ

まず求める多項式を次のように定義します。

$$\begin{cases} S_n \equiv 1+2+3+\cdots+(n-1)+n = \sum_{k=1}^{n} k \\ D_n \equiv 1^2+2^2+3^2+\cdots+(n-1)^2+n^2 = \sum_{k=1}^{n} k^2 \\ T_n \equiv 1^3+2^3+3^3+\cdots+(n-1)^3+n^3 = \sum_{k=1}^{n} k^3 \end{cases}$$

●ここに気がつくと…

本問の計算には次の関係を利用します。

$$\begin{cases}(k+1)^2 - k^2 = 2k+1 \\ (k+1)^3 - k^3 = 3k^2 + 3k + 1 \\ (k+1)^4 - k^4 = 4k^3 + 6k^2 + 4k + 1\end{cases}$$

左辺は合計すると打ち消し合って簡単な多項式になり、右辺は S_n、D_n、T_n などの和になるので、順に計算します。まず (1) です。

$(k+1)^2 - k^2 = 2k + 1$

$\Rightarrow \begin{cases}\sum_{k=1}^{n}\left[(k+1)^2 - k^2\right] = (n+1)^2 - 1 \\ \sum_{k=1}^{n}\left[(k+1)^2 - k^2\right] = 2\sum_{k=1}^{n} k + \sum_{k=1}^{n} 1 = 2S_n + n\end{cases}$

$\Rightarrow (n+1)^2 - 1 = 2S_n + n$

$\Rightarrow S_n = \dfrac{1}{2}\left[(n+1)^2 - (n+1)\right] = \dfrac{n(n+1)}{2}$

これは、P.131 で $a_n = n$、$a_1 = 1$ とした場合の総和と一致します。次の (2) の右辺に出てくる S_n は上で求めてあります。

$(k+1)^3 - k^3 = 3k^2 + 3k + 1$

$\Rightarrow \begin{cases}\sum_{k=1}^{n}\left[(k+1)^3 - k^3\right] = (n+1)^3 - 1 \\ \sum_{k=1}^{n}\left[(k+1)^3 - k^3\right] = 3\sum_{k=1}^{n} k^2 + 3\sum_{k=1}^{n} k + \sum_{k=1}^{n} 1\end{cases}$

$\Rightarrow (n+1)^3 - 1 = 3D_n + 3S_n + n$

$\Rightarrow D_n = \dfrac{1}{3}\left[(n+1)^3 - (n+1)\right] - S_n$

$= \dfrac{1}{3}(n+1)(n^2 + 2n) - \dfrac{n(n+1)}{2}$

$$= \frac{1}{6}(n+1)\left[2(n^2+2n)-3n\right] = \frac{1}{6}n(n+1)(2n+1)$$

最後の (3) の右辺に出てくる S_n、D_n は上で求めてあります。

$$(k+1)^4 - k^4 = 4k^3 + 6k^2 + 4k + 1$$

$$\Rightarrow \begin{cases} \sum_{k=1}^{n}\left[(k+1)^4 - k^4\right] = (n+1)^4 - 1 \\ \sum_{k=1}^{n}\left[(k+1)^4 - k^4\right] = 4\sum_{k=1}^{n}k^3 + 6\sum_{k=1}^{n}k^2 + 4\sum_{k=1}^{n}k + \sum_{k=1}^{n}1 \end{cases}$$

$$\Rightarrow (n+1)^4 - 1 = 4T_n + 6D_n + 4S_n + n$$

$$\Rightarrow T_n = \frac{1}{4}\left[(n+1)^4 - (n+1)\right] - \frac{3}{2}D_n - S_n$$

$$= \frac{1}{4}(n+1)\left[(n+1)^3 - 1\right] - \frac{3}{2}\cdot\frac{1}{6}n(n+1)(2n+1) - \frac{n(n+1)}{2}$$

$$= \frac{1}{4}n(n+1)\left[(n^2+3n+3)-(2n+1)-2\right]$$

$$= \frac{1}{4}n(n+1)(n^2+n) = \left(\frac{n(n+1)}{2}\right)^2$$

これで次の公式が得られました。

$$\begin{cases} \sum_{k=1}^{n} k = \dfrac{n(n+1)}{2} \\ \sum_{k=1}^{n} k^2 = \dfrac{1}{6}n(n+1)(2n+1) \\ \sum_{k=1}^{n} k^3 = \left(\dfrac{n(n+1)}{2}\right)^2 \end{cases}$$

[補足]

上の公式を利用すると、次のような計算もできます。

難易度 B

(1) 相異なる2つの自然数の積の和S_2 ($n \geq 2$)を求めよ。
(2) 互いに隣り合う2つの自然数の積の和S_3 ($n \geq 3$)を求めよ。
(3) 互いに隣り合わない異なる2つの自然数の積の和S_4 ($n \geq 3$)を求めよ。

(新作問題)

$$S_2 = (1 \cdot 2 + 1 \cdot 3 + \cdots + 1 \cdot n) + (2 \cdot 3 + 2 \cdot 4 + \cdots + 2 \cdot n) + \cdots + (n-1)n$$
$$= \frac{1}{2}\left[(1 + 2 + 3 + \cdots + n)^2 - (1^2 + 2^2 + 3^2 + \cdots + n^2)\right]$$
$$= \frac{1}{2}[S_n^2 - D_n] = \frac{1}{2}\left[\left(\frac{n(n+1)}{2}\right)^2 - \frac{n(n+1)(2n+1)}{6}\right]$$
$$= \frac{n(n+1)}{24}[3n(n+1) - 2(2n+1)] = \frac{n(n+1)}{24}(3n^2 - n - 2)$$
$$= \frac{n(n+1)(n-1)(3n+2)}{24}$$

$$S_3 = 1 \cdot 2 + 2 \cdot 3 + \cdots + (n-1) \cdot n = \sum_{k=1}^{n-1} k(k+1) = \sum_{k=1}^{n-1} k^2 + \sum_{k=1}^{n-1} k$$
$$= \frac{(n-1)n(2n-1)}{6} + \frac{(n-1)n}{2} = \frac{(n-1)n}{6}[(2n-1)+3] = \frac{n(n-1)(n+1)}{3}$$

$$S_4 = (1 \cdot 3 + 1 \cdot 4 + \cdots + 1 \cdot n) + (2 \cdot 4 + 2 \cdot 5 + \cdots + 2 \cdot n) + \cdots + n \cdot (n-2)$$
$$= S_2 - S_3 = \frac{(n-1)n(n+1)(3n+2)}{24} - \frac{n(n-1)(n+1)}{3}$$
$$= \frac{n(n-1)(n+1)(n-2)}{8}$$

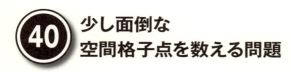

少し面倒な空間格子点を数える問題

●座標が整数の点の問題！

整数不定方程式を満たす格子点の数を数えるのは数列の和の公式であり、その極限を求めるという見事なまでの融合問題です。この問題は少し古いのですが、2014年早稲田大／商など、同様の問題が頻繁に出題されています。

このまま眺めて3次元空間で図を描き始めると収拾がつかなくなります。これは $z=k$ の平面で切るのが定石です。そしてそれができれば、後は前問で得た自然数の2乗和公式を適用するだけです。

難易度 **C**

n を正の整数とする。連立方程式

$$\begin{cases} x+y+z \leq n \\ -x+y-z \leq n \\ x-y-z \leq n \\ -x-y+z \leq n \end{cases}$$

を満たす xyz 空間の点 $\mathrm{P}(x,y,z)$ で、x、y、z がすべて整数であるものの個数を $f(n)$ とおく。極限

$$\lim_{n \to \infty} \frac{f(n)}{n^3}$$

を求めよ。

（1998年理科）

●まずは図を描いてみよう！

$z=k$ の平面で切った xy 平面に平行な平面上で条件を図示するのが第一歩です。そのための直線の不等式は次の通りです。x、y、z のいずれか2つを交換しても関係は変わらないので、k の範囲は $-n \leq k \leq n$ です。

$$\begin{cases} x+y+z \leq n & \cdots ① \\ -x+y-z \leq n & \cdots ② \\ x-y-z \leq n & \cdots ③ \\ -x-y+z \leq n & \cdots ④ \end{cases} z=k \Rightarrow \begin{cases} \begin{cases} y \leq x+(n+k) & \cdots ②' \\ y \geq x-(n+k) & \cdots ③' \end{cases} \\ \begin{cases} y \leq -x+(n-k) & \cdots ①' \\ y \geq -x-(n-k) & \cdots ④' \end{cases} \end{cases}$$

$n=3$、$k=1$ の場合を下左図に示します。

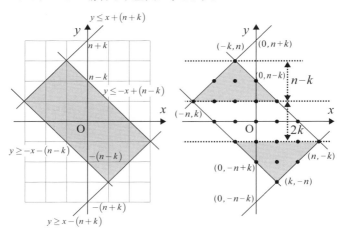

●ここに気がつくと…

$y=x$ と $y=-x$ に平行な2組の方程式に囲まれる矩形領域に含ま

れる格子点の数を数えるための寸法を上右図に示します。右上の図の $n=3$、$k=1$ の場合の $f(n)$ は次のようになります。

$$1+3+5+5+5+3+1=23$$

これを、次のように切り分けて一般的な計算に生かします。

$$(1+3) \times 2 + 5 \times 3$$

$z=k$ の平面で切った前頁右図上の上下のグレーの三角形領域に注目して、格子点を下図のように3つに切り分けて、上下の三角形状の格子点と、中央の平行四辺形上の格子点を数えます。この数を $f_k(n)$ とすると、$f(n)$ は $f_k(n)$ の k についての総和です。そして $f_k(n)$ は、三角形状の格子点の数×2+平行四辺形上の格子点の数です。それには上端 P の座標と左端 Q の座標を求めて格子点の数を計算します。

$$\begin{cases} y = x + (n+k) \\ y = -x + (n-k) \end{cases}$$
$$\Rightarrow x + (n+k) = -x + (n-k)$$
$$\Rightarrow x = -k, y = n \Rightarrow \text{P}(-k, n)$$
$$\begin{cases} y = x + (n+k) \\ y = -x - (n-k) \end{cases}$$
$$\Rightarrow x + (n+k) = -x - (n-k)$$
$$\Rightarrow x = -n, y = k \Rightarrow \text{Q}(-n, k)$$

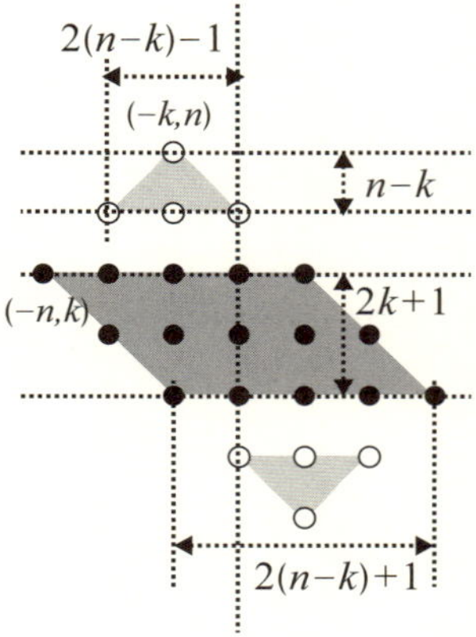

三角形の段数は点 P と点 Q の y 座標差なので $n-k$ であり、1 から $2(n-k)-1$ までの奇数を合計します。平行四辺形の段数は点 Q の y 座標の 2 倍+1 であり、幅は三角形の底辺の長さ+2=2($n-$

$k)+1$ です。したがって $f_k(n)$ は次のように計算できます。この場合、三角形状の格子点の数を数える等差数列の部分和は「(初項+末項)×項数」の計算が簡単です（P.131 参照）。

$$f_k(n) \equiv 2\underbrace{[1+3+5+\cdots+(2n-2k-1)]}_{\text{三角形状の格子点の数}} + \underbrace{[2(n-k)+1](2k+1)}_{\text{平行四辺形状の格子点の数}}$$

$$= 2 \times \frac{1+(2n-2k-1)}{2} \times (n-k) + (2n-2k+1)(2k+1)$$

$$= 2(n-k)^2 - [2k-(2n+1)](2k+1)$$

$$= 2[k^2 - 2nk + n^2] - [4k^2 - 2k(2n) - (2n+1)]$$

$$= -2k^2 + (2n^2 + 2n + 1)$$

この式を、P.134 に示した公式を使って合計し $f(n)$ を求めます。k の範囲 $-n \leq k \leq n$ に要注意です。

$$f(n) = \sum_{k=-n}^{n} f_k(n) = (2n^2+2n+1)(2n+1) - 2\sum_{k=-n}^{n} k^2$$

$$\sum_{k=-n}^{n} k^2 = 2\sum_{k=1}^{n} k^2 = 2 \times \frac{n(n+1)(2n+1)}{6} = \frac{n(n+1)(2n+1)}{3}$$

$$\therefore f(n) = (2n^2+2n+1)(2n+1) - 2 \cdot \frac{n(n+1)(2n+1)}{3}$$

$$= \frac{2n+1}{3}[3(2n^2+2n+1) - 2n(n+1)] = \frac{2n+1}{3}(4n^2+4n+3)$$

最後に極限値を計算します。

$$\lim_{n \to \infty} \frac{f(n)}{n^3} = \frac{1}{3} \lim_{n \to \infty} \left(\frac{2n+1}{n}\right)\left(\frac{4n^2+4n+3}{n^2}\right) = \frac{8}{3}$$

41 $(1+1/n)^n$ と $\sin\theta/\theta$ を含む数列の極限の図形問題

●図形と数列の融合問題

図形と数列を組み合わせた問題です。そうむずかしくはありません。図を描いて考えてください。標準的な問題です。

難易度B

> n を2以上の整数とする。平面上に $n+2$ 個の点 O、P_0、P_1、…、P_n があり、次の2つの条件をみたしている。
>
> ① $\angle P_{k-1}OP_k=\pi/n$ $(1\leq k\leq n)$、$\angle OP_{k-1}P_k=\angle OP_0P_1$ $(2\leq k\leq n)$
>
> ② 線分 OP_0 の長さは1、線分 OP_1 の長さは $1+1/n$ である。
>
> 線分 $P_{k-1}P_k$ の長さを a_k とし、$s_n=\displaystyle\sum_{k=1}^{n}a_k$ とおくとき、$\displaystyle\lim_{n\to\infty}s_n$ を求めよ。
>
> (2007年理科)

●まずは図を描いてみよう！

まず、右図のように図を描きます。$\triangle OP_{k-1}P_k$ と $\triangle OP_0P_1$ において、「$\angle P_{k-1}OP_k=\pi/n$、$\angle OP_{k-1}P_k=\angle OP_0P_1$」から $\triangle OP_{k-1}P_k \backsim \triangle OP_0P_1$ となって、$P_0P_1:P_1P_2=OP_0:OP_1$ が成立し、$a_k=a_1(1+1/n)^n$ が成立します。

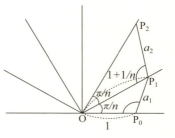

すると a_k は n を含んだ等比数列となります。

$$\begin{cases} s_n = \sum_{k=1}^{n} a_k = \sum_{k=1}^{n} P_{k-1}P_k \\ a_1 = P_0 P_1, \quad a_2 = \left(1+\frac{1}{n}\right) a_1 \Rightarrow a_k = \left(1+\frac{1}{n}\right)^{k-1} a_1 \end{cases}$$

$$s_n = \sum_{k=1}^{n} \left(1+\frac{1}{n}\right)^{k-1} a_1 = a_1 \sum_{k=1}^{n} \left(1+\frac{1}{n}\right)^{k-1} = a_1 \cdot \frac{1-\left(1+\frac{1}{n}\right)^n}{1-\left(1+\frac{1}{n}\right)}$$

$$= a_1 n \left[\left(1+\frac{1}{n}\right)^n - 1 \right]$$

●ここに気がつくと…

一方 a_1 は余弦定理によって角度 π/n を含む関係式で表現されます。これらをまとめると、a_1 が消去でき、$(1+1/n)^n$ と $\sin\theta/\theta$ を含む標準的な極限値計算の公式を利用することができます。

$$a_1^2 = 1^2 + \left(1+\frac{1}{n}\right)^2 - 2\left(1+\frac{1}{n}\right)\cos\frac{\pi}{n} = 2 + \frac{2}{n} + \left(\frac{1}{n}\right)^2 - 2\left(1+\frac{1}{n}\right)\cos\frac{\pi}{n}$$

$$= \left(\frac{1}{n}\right)^2 - 2\left(1+\frac{1}{n}\right)\left(\cos\frac{\pi}{n} - 1\right) = \left(\frac{1}{n}\right)^2 - 2\left(1+\frac{1}{n}\right)\left(-2\sin^2\frac{\pi}{2n}\right)$$

$$a_1 n = n\sqrt{\left(\frac{1}{n}\right)^2 - 2\left(1+\frac{1}{n}\right)\left(-2\sin^2\frac{\pi}{2n}\right)} = \sqrt{1 + \left(1+\frac{1}{n}\right)\left(4n^2 \sin^2\frac{\pi}{2n}\right)}$$

$$= \sqrt{1 + \left(1+\frac{1}{n}\right)\pi^2 \left(\frac{2n}{\pi}\sin\frac{\pi}{2n}\right)^2} \xrightarrow{\frac{\pi}{2n} \equiv \theta} \sqrt{1 + \left(1+\frac{1}{n}\right)\pi^2 \left(\frac{\sin\theta}{\theta}\right)^2}$$

$$\therefore s_n = \left[\left(1+\frac{1}{n}\right)^n - 1\right]\sqrt{1 + \left(1+\frac{1}{n}\right)\pi^2 \left(\frac{\sin\theta}{\theta}\right)^2}$$

$$\therefore \lim_{n\to\infty} s_n = \lim_{n\to\infty} s_n = (e-1)\sqrt{1+\pi^2}$$

回転行列を利用する図形問題

●行列と数列の融合問題

　教科書レベルの回転行列を使った、もう出題されなくなった行列と数列（漸化式）のやさしい融合問題です。行列問題はもう出題されませんが、これを複素数に変えれば同じ問題がつくれます。

難易度B

実数 a, b に対し平面上の点 $P_n(x_n, y_n)$ を
　　$(x_0, y_0) = (1, 0)$
　　$(x_{n+1}, y_{n+1}) = (ax_n - by_n, bx_n + ay_n)$　（$n = 0, 1, 2, \cdots$）
によって定める。このとき、次の条件 (i)、(ii) がともに成り立つような (a, b) をすべて求めよ。

(i)　$P_0 = P_6$

(ii)　P_0、P_1、P_2、P_3、P_4、P_5 は相異なる。

（2013年理科）

●まずは図を描いてみよう!

　角度 θ の回転を6回繰り返して元に戻るための行列を求める問題です。回転行列を使って題意を表すのですが、絶対値が1であることはまだわかっていないので、まず一般化した回転行列を定

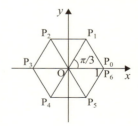

義します。まず題意を行列で表します。

$$\begin{cases} x_{n+1} = ax_n - by_n \\ y_{n+1} = bx_n + ay_n \end{cases} \Leftrightarrow \begin{pmatrix} x_{n+1} \\ y_{n+1} \end{pmatrix} = \begin{pmatrix} a & -b \\ b & a \end{pmatrix} \begin{pmatrix} x_n \\ y_n \end{pmatrix}$$

これは次の回転行列に似た形をしていますが、

$$\begin{cases} x' = x\cos\theta - y\sin\theta \\ y' = x\sin\theta + y\cos\theta \end{cases} \Leftrightarrow \begin{pmatrix} x' \\ y' \end{pmatrix} = \begin{pmatrix} \cos\theta & -\sin\theta \\ \sin\theta & \cos\theta \end{pmatrix} \begin{pmatrix} x \\ y \end{pmatrix}$$

絶対値が 1 であることはまだわかっていないので、$a = r\cos\theta$、$b = r\sin\theta$ とおきます。すると、r が得られます。

$$\begin{cases} a = r\cos\theta \\ b = r\sin\theta \\ a^2 + b^2 = r^2 \\ \Rightarrow r = \sqrt{a^2 + b^2} \end{cases} \Rightarrow \begin{pmatrix} a & -b \\ b & a \end{pmatrix} \equiv \sqrt{a^2 + b^2} \begin{pmatrix} \cos\theta & -\sin\theta \\ \sin\theta & \cos\theta \end{pmatrix}$$

これによって P_6 を求め、これが $P_0(1,0)$ と一致する条件を求めます。6 乗の計算をしてもよいのですが、回転行列の n 乗は n 回の回転と同じなので、角度が 6 倍になることは明らかです。

$$\begin{pmatrix} x_6 \\ y_6 \end{pmatrix} = \left[\sqrt{a^2 + b^2} \begin{pmatrix} \cos\theta & -\sin\theta \\ \sin\theta & \cos\theta \end{pmatrix} \right]^6 \begin{pmatrix} 1 \\ 0 \end{pmatrix}$$

$$= \left(a^2 + b^2\right)^3 \begin{pmatrix} \cos 6\theta & -\sin 6\theta \\ \sin 6\theta & \cos 6\theta \end{pmatrix} \begin{pmatrix} 1 \\ 0 \end{pmatrix} = \begin{pmatrix} 1 \\ 0 \end{pmatrix}$$

$$\Rightarrow \begin{cases} x_6 = \left(a^2 + b^2\right)^3 \cos 6\theta = 1 \\ y_6 = \left(a^2 + b^2\right)^3 \sin 6\theta = 0 \end{cases}$$

この条件を満たす θ を求めます。平方して加えると、$a^2 + b^2 = 1$ がわかり、その結果を利用すると θ がわかります。

$$\left[\left(a^2+b^2\right)^3 \cos 6\theta\right]^2 + \left[\left(a^2+b^2\right)^3 \sin 6\theta\right]^2$$
$$= \left(a^2+b^2\right)^6 = 1 \Rightarrow a^2+b^2 = 1 \quad \left(\because a^2+b^2 > 0\right)$$
$$\Rightarrow \begin{cases} \cos 6\theta = 1 \\ \sin 6\theta = 0 \end{cases} \Rightarrow 6\theta = 2m\pi \, (m=1,2,\cdots)$$
$$\therefore \theta = \frac{m\pi}{3}(m=1,2,\cdots) = \frac{\pi}{3}, \frac{2\pi}{3}, \frac{3\pi}{3}, \frac{4\pi}{3}, \frac{5\pi}{3}\cdots$$

ところで「P_0、P_1、P_2、P_3、P_4、P_5 は相異なる」という条件があるので、次のようにθが制限されます。

$$\begin{pmatrix} x_m \\ y_m \end{pmatrix} = \begin{pmatrix} \cos m\theta & -\sin m\theta \\ \sin m\theta & \cos m\theta \end{pmatrix}\begin{pmatrix} 1 \\ 0 \end{pmatrix} = \begin{pmatrix} \cos m\theta \\ \sin m\theta \end{pmatrix}$$

$$i \neq j \Rightarrow \begin{pmatrix} x_{m_i} \\ y_{m_i} \end{pmatrix} \neq \begin{pmatrix} x_{m_j} \\ y_{m_j} \end{pmatrix} \Rightarrow \begin{pmatrix} \cos m_i\theta \\ \sin m_i\theta \end{pmatrix} \neq \begin{pmatrix} \cos m_j\theta \\ \sin m_j\theta \end{pmatrix}$$

$$\Rightarrow \theta = 2k\pi \pm \frac{\pi}{3}(k=1,2,\cdots)$$

$$\therefore \begin{cases} a = \cos\theta = \dfrac{1}{2} \\ b = \sin\theta = \pm\dfrac{\sqrt{3}}{2} \end{cases}$$

角度が$\pm\pi/3$ 以外の値では、その整数倍の三角関数値が一致してしまうので、絶対値が最小のこれらの2つの値しか許されないということです。

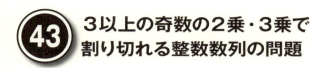

43 3以上の奇数の2乗・3乗で割り切れる整数数列の問題

●整数と数列の融合問題

東大数学の数列問題は、複数の分野の融合問題が数多く出題されますが、この問題は整数と数列の問題です。

難易度 **B**

p を自然数とする。次の関係式で定められる数列 $\{a_n\}$、$\{b_n\}$ を考える。

$$\begin{cases} a_1 = p,\ b_1 = p+1 \\ a_{n+1} = a_n + pb_n & (n=1,\ 2,\ 3,\ \cdots) \\ b_{n+1} = pa_n + (p+1)b_n & (n=1,\ 2,\ 3,\ \cdots) \end{cases}$$

$n=1,\ 2,\ 3,\ \cdots$ に対し、次の2つの数がともに p^3 で割り切れることを示せ。

$$a_n - \frac{n(n-1)}{2}p^2 - np,\quad b_n - n(n-1)p^2 - np - 1$$

(2008年文科、改題)

●まずはやれることからやってみよう！

問題文を読むと文字が多くて難しそうなのですが、数学的帰納法と漸化式の利用を組み合わせると、実は教科書レベルにかなり近い問題です。この数列を実際に計算すると、$n=2$ までは p の3次以上の項が現れず、n が3以上の場合は2次以下の項は a_n、b_n から差し引く項に一致しています。

$(a_1, b_1) = (p, p+1)$

$(a_2, b_2) = (p^2+2p, 2p^2+2p+1)$

$(a_3, b_3) = (2p^3+(3p^2+3p), 3p^3+(6p^2+3p+1))$

$(a_4, b_4) = (3p^4+8p^3+(6p^2+4p), 5p^4+12p^3+(12p^2+4p+1))$

p^3 で割り切れることを示す数を x_n、y_n とおいて始めます。上の漸化式を利用して p^3 で割り切れることを示します。n があるので、数学的帰納法を利用します。

x_n、y_n は a_n、b_n から p の多項式を差し引いたものなので、a_n、b_n の漸化式をどう利用するのかがキーポイントです。

まず、$n=1$ の場合を示します。

$x_1 = a_1 - p = 0$

$y_1 = b_1 - (p+1) = 0$

余りが 0 なので、x_1、y_1 は p^3 で割り切れています。

次に、n の場合に x_n、y_n が p^3 で割り切れることを仮定して、x_{n+1}、y_{n+1} が p^3 で割り切れることを示します。

$$\begin{cases} x_n \equiv Ap^3 = a_n - \dfrac{n(n-1)}{2}p^2 - np \\ y_n \equiv Bp^3 = b_n - n(n-1)p^2 - np - 1 \end{cases}$$

$$\Rightarrow \begin{cases} x_{n+1} = a_{n+1} - \dfrac{n(n+1)}{2}p^2 - (n+1)p = Cp^3 \\ y_{n+1} = b_{n+1} - n(n+1)p^2 - (n+1)p - 1 = Dp^3 \end{cases}$$

a_n、b_n は次のように表され、

$$\begin{cases} a_n = Ap^3 + \dfrac{n(n-1)}{2}p^2 + np \\ b_n = Bp^3 + n(n-1)p^2 + np + 1 \end{cases}$$

これらから a_{n+1}、b_{n+1} を計算して x_{n+1}、y_{n+1} を計算します。つまり、以下の手順を踏むわけです。

(1) $x_n = Ap^3$、$y_n = Bp^3$ とおく。
(2) a_n、b_n を Ap^3 と Bp^3 を使って記述する。
(3) a_n、b_n から a_{n+1}、b_{n+1} を計算する。
(4) a_n、b_n から x_{n+1}、y_{n+1} を計算する。
(5) $x_{n+1} = Cp^3$、$y_{n+1} = Dp^3$ を示す。

●ここに気がつくと…

p の 3 次以上の項すべてを、x_{n+1} の計算の際は Cp^3、y_{n+1} の計算の際は Dp^3 と表示すると、計算が実に簡単になります。

$$a_{n+1} = a_n + pb_n$$
$$= Ap^3 + \frac{n(n-1)}{2}p^2 + np + p\left[Bp^3 + n(n-1)p^2 + np + 1\right]$$
$$= Cp^3 + \frac{n(n+1)}{2}p^2 + (n+1)p$$
$$x_{n+1} = a_{n+1} - \frac{n(n+1)}{2}p^2 - (n+1)p = Cp^3$$
$$b_{n+1} = pa_n + (p+1)b_n$$
$$= p\left[Ap^3 + \frac{n(n-1)}{2}p^2 + np\right]$$
$$\quad + (p+1)\left[Bp^3 + n(n-1)p^2 + np + 1\right]$$
$$= Dp^3 + \left[n(n-1) + n\right]p^2 + (n+1)p + 1$$
$$y_{n+1} = b_{n+1} - n(n+1)p^2 - (n+1)p - 1 = Dp^3$$

したがって、x_{n+1}、y_{n+1} は p^3 で割り切れます。以上により、x_n、y_n が p^3 で割り切れることが示されました。証明終わり。

割り算を商と余りの関係で解く数列の問題

●割り算と数列を組み合わせた問題

数列の応用問題としてはおもしろいのですが、とっつきにくく、若干むずかしい問題です。

難易度 **B**

---

r を 0 以上の整数とし、数列 $\{a_n\}$ を次のように定める。
$a_1 = r,\ a_2 = r+1,\ a_{n+2} = a_{n+1}(a_n + 1)$ $(n=1,\ 2,\ 3,\ \cdots)$

また、素数 p を1つとり、a_n を p で割った余りを b_n とする。ただし、0 を p で割った余りは 0 とする。

(1) 自然数 n に対し、b_{n+2} は $b_{n+1}(b_n + 1)$ を p で割った余りと一致することを示せ。

(2) $r=2,\ p=17$ の場合に、10以下のすべての自然数 n に対して、b_n を求めよ。

(3) ある2つの相異なる自然数 $n,\ m$ に対して、
$b_{n+1} = b_{m+1} > 0,\ b_{n+2} = b_{m+2}$
が成り立ったとする。このとき、$b_n = b_m$ が成り立つことを示せ。

(2014年文理共通、理科の(4)は割愛)

●まずはやれることからやってみよう!

(1)は合同式の表記を使えば簡単なのですが、泥臭い表記のままでも十分解けます。a_n を p で割った余りが b_n であるなら、商 c_n を

導入すると「$a_n = pc_n + b_n$」と書けます。これは「$b_n = a_n - pc_n$」とも書けます。これを関係式に代入します。

$$b_{n+1}(b_n+1) = (a_{n+1} - pc_{n+1})(a_n + 1 - pc_n)$$
$$= a_{n+1}(a_n+1) - p(a_{n+1}c_n + c_{n+1}(a_n+1) + pc_{n+1}c_n)$$
$$= a_{n+2} - p(a_{n+1}c_n + c_{n+1}(a_n+1) + pc_{n+1}c_n)$$

第1項の a_{n+2} を p で割った余りが b_{n+2} であり、第2項は p の倍数なので、$b_{n+1}(b_n+1)$ を p で割った余りは b_{n+2} に一致します。証明終わり。

(2)はとにかく延々と計算します。ただし、(1)から $b_{n+1}(b_n+1)$ を p で割った余りは b_{n+2} に一致するので、b_n を求めるには、$a_1=2$, $a_2=2+1=3$ から $b_1=2$, $b_2=3$ を求めて、これらから順に、$b_{n+1}(b_n+1)$ を $p=17$ で割った余りを b_{n+2} とします。

$b_1=2$, $b_2=2+1=3$, $b_3=3\cdot(2+1)=9$, $b_4=2$, $b_5=3$、
$b_6=9$, $b_7=2$, $b_8=3$, $b_9=9$, $b_{10}=2$

まとめると、$b_1=b_4=b_7=b_{10}=2$, $b_2=b_5=b_8=3$, $b_3=b_6=b_9=9$

●ここに気がつくと…

(3)も(1)と同様に解きます。b_{n+2} は $b_{n+1}(b_n+1)$ を p で割った余りと一致するので、商 d_n を導入して、次の関係が成立します。

$b_{n+1}(b_n+1) = pd_n + b_{n+2}$

この関係に条件「$b_{n+1}=b_{m+1}>0$、$b_{n+2}=b_{m+2}$」を代入すると、

$b_{n+1}(b_m - b_n) = p(d_m - d_n)$

という関係が得られます。しかし左辺の2つの因数はいずれも定義から p より小さいので、右辺の $d_m - d_n$ は0でなければなりません。その結果、$b_m = b_n$ となります。

45 新記号を使った整数と数列の問題

●新記号問題は柔軟性のある学生狙い!

新記号を使って数列を定義し、その数列の各項に関して考える問題です。東大では新記号問題がかなり多く、これは、成績伯仲の受験生の中から、少しでも柔軟性のある学生を取ろうという意思の表れでしょう。この問題はそのまま計算一直線です。しかし文科志望の学生にとっては若干辛いかもしれません。

●まずはやれることからやってみよう!

(1)は簡単に解けます。これは(2)への誘導です。(2)では (1)

難易度 **C**

実数 x の小数部分を、$0 \leq y < 1$ かつ $x-y$ が整数となる実数 y のこととし、これを記号 $\langle x \rangle$ で表す。実数 a に対して、無限数列 $\{a_n\}$ の各項 a_n ($n=1, 2, 3, \cdots$) を次のように順次定める。

(i) $a_1 = \langle a \rangle$

(ii) $\begin{cases} a_n \neq 0 \text{のとき、} & a_{n+1} = \langle 1/a_n \rangle \\ a_n = 0 \text{のとき、} & a_{n+1} = 0 \end{cases}$

(1) $a = \sqrt{2}$ のとき、数列 $\{a_n\}$ を求めよ.

(2) 任意の自然数 n に対して $a_n = a$ となるような $1/3$ 以上の実数 a をすべて求めよ。

(2011年文科)

で与えられた a の値以外のもう1つの a の値を求めます。

(1)は次のように計算して a_n が得られます。

$$a_1 = \langle \sqrt{2} \rangle = \sqrt{2} - 1 \Rightarrow \frac{1}{a_1} = \frac{1}{\sqrt{2}-1} = \sqrt{2}+1$$

$$a_2 = \left\langle \frac{1}{a_1} \right\rangle = \langle \sqrt{2}+1 \rangle = \sqrt{2}-1 = a_1 \Rightarrow a_n = \sqrt{2}-1$$

●ここに気がつくと…

(2)では、すべての n に対して $a_n = a$ なので、$a_1 = \langle a \rangle = a, a_2 = \langle 1/a \rangle = a$ であり、逆も成り立ちます。ここで $0 \leq a < 1$ でありかつ $a \geq 1/3$ から $1/3 \leq a < 1$ であることがわかります。

ここで $a = 1/3$ とすると $a_2 = 0$ となるので $1/3 < a < 1$ であり、$1 < 1/a < 3$ なので、$\langle a \rangle = 1$ または 2 です。$a = 1/2$ とすると $a_2 = 0$ となるので $a \neq 1/2$ です。

したがって、a の値は次の2つの場合に限られます。

○$\langle a \rangle = 1$: $1 < 1/a < 2$、$1/2 < a < 1 \Rightarrow a_2 = \langle 1/a \rangle = a = 1/a - 1$
○$\langle a \rangle = 2$: $2 < 1/a < 3$、$1/3 < a < 1/2 \Rightarrow a_2 = \langle 1/a \rangle = a = 1/a - 2$

これら2つの2次方程式を解くと a が得られます。

$$\begin{cases} a = \dfrac{1}{a} - 1 \\ \dfrac{1}{2} < a < 1 \end{cases} \Rightarrow a^2 + a - 1 = 0 \Rightarrow a = \frac{\sqrt{5}-1}{2}$$

$$\begin{cases} a = \dfrac{1}{a} - 2 \\ \dfrac{1}{3} < a < \dfrac{1}{2} \end{cases} \Rightarrow a^2 + 2a - 1 = 0 \Rightarrow a = \sqrt{2}-1$$

$$\left(\langle \sqrt{2} \rangle = \langle \sqrt{2}-1 \rangle \right)$$

この後者の解は(1)の解と一致します。

第6章

少しむずかしい確率の問題

46 確率の問題では もっともやさしいといわれる問題

●東大の確率問題はやさしく漸化式問題はむずかしい！

東大の確率だけの問題は、一般的にやさしいものが多いと思います。しかしやはり、いくらやさしいとはいっても高校生向けでしょう。この問題は、その中でももっともやさしいといわれる問題です。

確率のむずかしい問題はほとんど確率漸化式の問題です。これは本章の後半でご紹介します。

難易度：B

コンピュータの画面に、記号○と×のいずれかを表示させる操作をくり返し行う。このとき、各操作で、直前の記号と同じ記号を続けて表示する確率は、それまでの経過に関係なく、p であるとする。

最初に、コンピュータの画面に記号×が表示された。操作をくり返し行い、記号×が最初のものも含めて3個出るよりも前に、記号○が n 個出る確率を P_n とする。ただし、記号○が n 個出た段階で操作は終了する。

(1) P_2 を p で表せ。
(2) P_3 を p で表せ。
(3) $n \geqq 4$ のとき、P_n を p と n で表せ。

(2006年文理一部共通、(1)、(2)、(3)が文科、(1)、(3)が理科)

本問は、記号○と×が表示される確率ではなく、「前と同じ記号が表示される確率」がpという、少し変わった問題ですが、大きな違いはありません。

● ここに気がつくと…その1

最初に×が表示され、「×が最初のものも含めて3個出る前に○がn個出る確率」がP_nであり、○がn個出た段階で操作は終了、というのが特徴です。ということは、

　　×は最初を除いて1個か2個

　　○は最後に1個、間に$n-1$個

であり、「最初が×最後が○」が確定しているので、その間だけを考えます。この「間だけ」を[　]で囲んで表示します。

● できることから具体的にやってみよう！

(1)(2)は注意深く計算すると、簡単な問題です。

(1)のP_2は、最初と最後を除くと、

　　×：　　　　0個か1個

　　○：　　　　1個

の確率であり、次のいずれかの場合です。

　　×[○]○、×[○×]○、×[×○]○

これらに対応する確率は、「前と同じ確率$=p$」に注意して、順に、

　　×[○]○：　　　　　$(1-p)p$

　　×[○×]○：　　　　$(1-p)(1-p)(1-p)=(1-p)^3$

　　×[×○]○：　　　　$p(1-p)p=(1-p)p^2$

したがって
$$P_2=(1-p)p+(1-p)^3+(1-p)p^2$$
$$=(1-p)\{p+(1-p)^2+p^2\}=(1-p)\{2p^2-p+1\}$$

(2)の P_3 は、最初と最後を除くと、

×：　　　　0個か1個
○：　　　　2個

の確率であり、次のいずれかの場合です。

×[○○]○：　　$(1-p)p^2$
×[○○×]○：　$(1-p)p(1-p)(1-p)=p(1-p)^3$
×[○×○]○：　$(1-p)(1-p)(1-p)p=p(1-p)^3$
×[×○○]○：　$p(1-p)p^2=(1-p)p^3$

したがって
$$P_3=(1-p)p^2+2p(1-p)^3+(1-p)p^3=(1-p)p\{3p^2-3p+2\}$$

(3)の P_n は、最初と最後を除くと、

×：　　　　0個か1個
○：　　　　$n-1$個

の確率です。$n=2$、3の具体例から一般解のイメージをつかみます。理科の場合は $n=2$ の具体例だけから $n \geq 3$ の場合を類推せよ、というのですが、解くためには当然 $n=3$ の場合を計算するので、「理科には $n=3$ の計算に点を与えない」ということでしょう。

●ここに気がつくと…その2

×が最初を除くと0個か1個なので、次の3つの場合しかありません。これがキーポイントです。

A. 最初を除くと×がない場合； ×○○○○○…○
この場合の確率：$(1-p)p^{n-1}$
B. 最初に×が連続する場合； ××○○○○…○○
この場合の確率：$p(1-p)p^{n-1}$
C. ×が連続しない場合； ×○○×○○…○○

記号の数が全部で $n+2$ 個あり、n 個の○の間に×が挟まる場所が $(n-1)$ カ所あり、前と異なる事象が3回起きるので、この場合の確率は「$(n-1)(1-p)^3 p^{n-2}$」です。

以上をすべて合計すると、

$$P_n = (1-p)p^{n-1} + p(1-p)p^{n-1} + (n-1)(1-p)^3 p^{n-2}$$
$$= (1-p)p^{n-2}[(1+p)p + (n-1)(1-p)^2]$$
$$= (1-p)p^{n-2}[n(1-p)^2 + (1+p)p - (1-p)^2]$$
$$= (1-p)p^{n-2}[n(1-p)^2 + 3p - 1]$$

これが答えです。

(1)(2)を検算します。

$n=2$：$P_2 = (1-p)[2(1-p)^2 + 3p - 1] = (1-p)(2p^2 - p + 1)$
$n=3$：$P_3 = (1-p)p[3(1-p)^2 + 3p - 1] = (1-p)p(3p^2 - 3p + 2)$

注意深く計算するとたしかに非常に簡単な問題ではあるのですが、答えがあまり美しいものではなく、答えに喜べないのが難点です。

47 硬貨を使ったブロック積みゲームの問題

● 等比級数の知識だけは必要だがやさしい問題

前問の次に簡単な問題ですが、等比級数の知識だけは必要になります。

難易度：**C**

表が出る確率が p、裏が出る確率が $1-p$ であるような硬貨がある。ただし、$0<p<1$ とする。この硬貨を投げて、次のルール（R）の下で、ブロック積みゲームを行う。

(R) (1) ブロックの高さは、最初に0とする。
　　(2) 硬貨を投げて表が出れば高さ1のブロックを1つ積み上げ、裏が出ればブロックをすべて取り除いて高さ0に戻す。

n を正の整数、m を $0 \leq m \leq n$ をみたす整数とする。

(1) n 回硬貨を投げたとき、最後にブロックの高さが m となる確率 p_m を求めよ。

(2) (1)で、最後にブロックの高さが m 以下となる確率 q_m を求めよ。

(3) ルール（R）の下で、n 回の硬貨投げを独立に2度行い、それぞれ最後のブロックの高さを考える。2度のうち、高い方のブロックの高さが m である確率 r_m を求めよ。ただし、最後のブロックの高さが等しいときはその値を考えるものとする。

（2007年文理共通）

●もっとも簡単な場合から考えよう！

表が何回出ても裏が1回出れば高さは0に戻ります。いったん高さが0になっても、その後またブロックを積み続けることができます。

もっとも簡単な場合とは、m回連続して表が出て裏が1回も出ない場合です。この場合の確率は「$p_m = p^m$」であり、これは$m=n$の場合です。

次に簡単な場合とは、裏が1回だけ出る、$n=m+1$の場合です。ところで、「最後にブロックの高さがmになる」場合とは、どんな場合でしょうか。裏が出ると高さが0になるので、

A　最後のm回は連続して表　（確率：p）

B　その前の回は裏　　　　　　（確率：$1-p$）

C　さらにその前の回までは何が起こってもよい

となります。「何が起こってもよい」ということは、すべての場合を含むということです。この$m<n$の場合の確率は「$p_m = (1-p)p^m$」となり、上の2つを合わせて、次頁の解答が得られます。

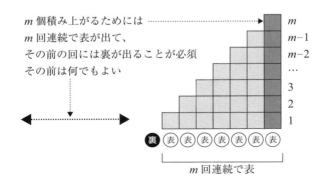

$m=n$: $\quad p_m = p^m$

$m<n$: $\quad p_m = (1-p)p^m$

ここまでは解けるでしょう。$m=n$ の場合と $m<n$ の場合を完全に分けて考えなければなりません。

次に(2)に挑みます。まず $m=n$ の場合を考えましょう。確率は $p_m=p^m$ と求めましたが、n 回硬貨を投げて裏が出なければ、かならずブロックの高さは m になるので、これは $q_m=1$ です。

●ここに気がつくと…その1

「ブロックの高さが m 以下」ということは、ブロックの高さが1個の場合から m 個の場合までの確率の合計を求めるということです。$0 \leq k \leq m$ なる整数 k を考えて、「ブロックの高さが k 個」の場合の確率を求め、この確率を $k=0$ から m まで合計します。「ブロックの高さが k 個」の場合とは、最後の k 回は連続して表が出て、その前回が裏の場合の確率です。その確率は次のように書けます。ここで等比級数の知識が必要になります(P.131 参照)。

$$q_m = \sum_{k=0}^{m}(1-p)p^k = (1-p)\sum_{k=0}^{m}p^k$$
$$= (1-p)\frac{1-p^{m+1}}{1-p} = 1-p^{m+1}$$

したがって答えは、

$$q_m = \begin{cases} 1 & (m=n) \\ 1-p^{m+1} & (m<n) \end{cases}$$

となります。ただし、$m<n$ の場合は、上の解からも想像できるように、もっと簡単な解き方があります。最後にブロックの高さが m 以下になる事象の余事象は、ブロックの高さが $m+1$ 以上で

ある事象であり、直近の $m+1$ 回連続して表が出ていた場合に起こり、この確率は p^{m+1} です。この事象の余事象の確率を求める方が簡単ではあります。

まあここまでは解けるでしょうが、次の小問は若干難関です。

●ここに気がつくと…その2

「2度操作を行って、高い方のブロックの高さが m」という場合がどんな場合なのかをよく考えなければなりません。これが次の2つの場合の数の和であることに気がつけば解けるのですが、この小問はかなりの難問かもしれません。

○ 1回目の高さが m で2回目の高さが m 以下の場合
○ 1回目の高さが m 以下で2回目の高さが m の場合

要するに(1)(2)を利用するのですが、この視点の切り替えは結構むずかしいのですが、興味深くもあります。

1回目の高さが m の確率が(1)の p_m、2回目の高さが m 以下の確率が(2)の q_m であり、1回目の高さが m 以下の確率が(2)の q_m、2回目の高さが m の確率が(1)の p_m です。ただし、「2回とも高さが m の場合」が重複しているので、この部分の確率を除かなければなりません。解答は次の通りです。

$$m = n: \quad r_n = p_n \cdot q_n + q_n \cdot p_n - p_n \cdot p_n$$
$$= p_n(2 - p_n) = p^n(2 - p^n)$$
$$m < n: \quad r_m = p_m \cdot q_m + q_m \cdot p_m - p_m \cdot p_m$$
$$= p_m(2q_m - p_m)$$
$$= (1-p)p^m\left[2(1-p^{m+1}) - (1-p)p^m\right]$$
$$= (1-p)p^m(2 - p^m - p^{m+1})$$

48 4色の玉をL・R2つの箱に分ける問題

● 順列・組合せと確率の問題

　この問題は問題文が非常に長いのですが、逆に問題文が長い問題は導入部がしっかり準備されていて、解いてみればやさしい、

難易度：**C**

　スイッチを1回押すごとに、赤、青、黄、白のいずれかの色の玉が1個、等確率1/4で出てくる機械がある。2つの箱LとRを用意する。次の3種類の操作を考える。

（A）1回スイッチを押し、出てきた玉をLに入れる。

（B）1回スイッチを押し、出てきた玉をRに入れる。

（C）1回スイッチを押し、出てきた玉と同じ色の玉が、Lになければその玉をLに入れ、Lにあればその玉をRに入れる。

(1) LとRは空であるとする。操作（A）を5回おこない、さらに操作（B）を5回おこなう。このときLにもRにも4色すべての玉が入っている確率P_1を求めよ。

(2) LとRは空であるとする。操作（C）を5回おこなう。このときLに4色すべての玉が入っている確率P_2を求めよ。

(3) LとRは空であるとする。操作（C）を10回おこなう。このときLにもRにも4色すべての玉が入っている確率をP_3とする。P_3/P_1を求めよ。

（2009年文理共通）

という問題が多く見られます。前半の2つの小問は、初等的な順列・組合せがわかっていれば簡単な問題ですが、最後の (3) は少し知識が必要です。

●ここに気がつくと…その1

(1) は、玉を L に入れようが R に入れようが、お互いの干渉はないので、片方の確率の2乗です。この問題が、「4色のカードを5枚並べる際に1色だけ重複する確率」と同じとわかれば、前半は解けたも同じです。まず場合の数を計算します。

A ＝ （重複する色がいつ出るかの場合の数）
　　× （どの色が重複するかの場合の数）
　　× （重複しない色がどの順番で出るかの場合の数）

そうすると、分母はすべての場合の数 4^5 なので、P_1 は次の計算で得られます。

（重複する色がいつ出るかの場合の数）
　＝ 5回の中から2回を選ぶ組合せ ＝$_5C_2$ ＝ 10
（どの色が重複するかの場合の数）
　＝ 4色の中から1色を選ぶ組合せ ＝$_4C_1$ ＝ 4
（重複しない色がどの順番で出るかの場合の数）
　＝ 残る3回で3色が出る順列 ＝$_3P_3$＝3! ＝ 6
P ＝ $(10 \times 4 \times 6)/4^5$ ＝ $15/4^3$ ＝ 15/64
P_1＝P^2＝ $(15/64)^2$ ＝225/4096

●ここに気がつくと…その2

次の問題 (2) は、実は (1) の片方の箱 L に玉を入れる場合と同

163

じ確率になります。操作（C）は、操作（A）を5回行って重複した色の玉を箱Lではなく箱Rに入れるという操作なので、5回の操作の後で、操作(A)の場合は箱Lに5個入りますが、操作(C)の場合は箱Lに4個、箱Rに1個が入ります。したがって確率 P_2 は15/64です。

まあここまでは解けるでしょうが、次の小問は若干難関です。

●ここに気がつくと…その3

題意を満たす場合には、箱Lの玉の個数は4個であって、その場合には色はすべて異なります。箱Rには、それぞれの色ごとの個数は不明ですが4色の玉が合わせて6個入っています。ということは、玉の色は1色または2色が重複しています。

これをカードに置き換えて考えると、10枚のカードを出てきた順に横に並べるとして、4色のカードは最低2枚ずつあり、そのうち次の2つの場合が考えられます。

○1色が4枚ある
○2色が3枚ずつある

どちらの箱に入るかは自動的に決まるので、これで箱を忘れられます。各色の最初に出た玉だけが箱Lに入ります。

（色）　赤　赤　青　黄　白　青　黄　白　青　黄
（箱）　L　R　L　L　L　R　R　R　R　R

10枚の異なるカードを並べる場合の数は10!ですが、この中に区別できない同じものがたとえば2枚ある場合には、それらを入れ替えても同じであって区別できないので、これに対応する場合の数2!で割らなければなりません。ここがふつうの順列より

若干難しいところで、これは「同じものがある順列」と呼ばれます。ただしこれも高校数学の基礎事項です。

この考え方を利用し、それぞれの場合で、色を選ぶ組合せの数をかけ合わせて合計すると、題意を満たす場合の数が得られ、これをすべての場合の数で割れば確率が得られます。

○1色が4枚ある場合の場合の数：

$10!/(4! \times 2! \times 2! \times 2!) \times$（色を選ぶ 4 通り）

○2色が3枚ずつある場合の場合の数：

$10!/(3! \times 3! \times 2! \times 2!) \times$（色を選ぶ $_4C_2=6$ 通り）

$$\begin{cases} (4,2,2,2) \Rightarrow \dfrac{10!}{4!2!2!2!} \times 4 = \dfrac{10!}{3 \times 2^4} \\ (3,3,2,2) \Rightarrow \dfrac{10!}{3!3!2!2!} \times 6 = \dfrac{10!}{3 \times 2^3} \end{cases}$$

$$\Rightarrow P_3 = \frac{\dfrac{10!}{3 \times 2^4} + \dfrac{10!}{3 \times 2^3}}{4^{10}} = \frac{10!}{2^{24}} \times \left(\frac{1}{3} + \frac{2}{3}\right) = \frac{10!}{2^{24}}$$

$$P_1 = \left(\frac{15}{64}\right)^2 = \frac{3^2 \times 5^2}{2^{12}}$$

$$\frac{P_3}{P_1} = \frac{10 \cdot 9 \cdot 8 \cdot 7 \cdot 6 \cdot 5 \cdot 4 \cdot 3 \cdot 2}{2^{24}} \cdot \frac{2^{12}}{3^2 \times 5^2}$$

$$= \frac{2 \cdot 8 \cdot 7 \cdot 6 \cdot 4 \cdot 3 \cdot 2}{2^{12}} = \frac{7 \cdot 3^2}{2^4} = \frac{63}{16}$$

P_3/P_1 は 63/16 となりました。

[補足]

順列・組合せがわかっていれば簡単な問題です。翌年に再度、L・R 2つの箱に玉を分ける問題が出題されました。ただし 4 色の玉ではなくボール 30 個を、L・R 2つの箱の間で移動する問題です。

49 さいころの目を使った割り算の問題…その1

●漸化式で解く確率の問題

もっとも身近な確率モデルは「さいころ」だと思うのですが、さいころの確率の問題は、直近15年では2003年のみです。それも文系と理系の両方に出題されています。(1)(2)は非常に簡単で、第46問に次ぐ解きやすさなのですが、(3)は漸化式の若干複雑な計算が必要です。

難易度：C

さいころを振り、出た目の数で17を割った余りを X_1 とする。ただし、1で割った余りは0である。さらにさいころを振り、出た目の数で X_1 を割った余りを X_2 とする。以下同様にして、X_n が決まればさいころを振り、出た目の数で X_n を割った余りを X_{n+1} とする。このようにして、X_n、$n=1,2,\cdots$ を定める。
(1) $X_3=0$ となる確率を求めよ。
(2) 各 n に対し、$X_n=5$ となる確率を求めよ。
(3) 各 n に対し、$X_n=1$ となる確率を求めよ。
(注意) さいころは1から6までの目が等確率で出るものとする。

（2003年文科）

［ヒント］

この問題では、さいころを振って割り算を3回までやってみると見通しが開けます。

●**できることからやってみよう！**

さいころを1回振って割り切れる場合とは、1が出る場合であり、その確率 X_1 は 1/6 です。まずは、さいころを1回振って出た目と余りを考えると、次のようになります。

　　○1 ⇒ 余り = 0　　○2 ⇒ 余り = 1　　○3 ⇒ 余り = 2
　　○4 ⇒ 余り = 1　　○5 ⇒ 余り = 2　　○6 ⇒ 余り = 5

その余りに対してさらにさいころを振ると、その目と余りの関係は下左の表のようになります。この場合、6^2=36 通りのうちで余りが0になるのは14通りあるので X_2=14/36=7/18 となります。

1回目		2回目 目					
目	余り	1	2	3	4	5	6
1	0	0	0	0	0	0	0
2	1	0	1	1	1	1	1
3	2	0	0	2	2	2	2
4	1	0	1	1	1	1	1
5	2	0	0	2	2	2	2
6	5	0	1	2	1	0	5

2回目		3回目 目					
余り	数	1	2	3	4	5	6
0	14	0	0	0	0	0	0
1	12	0	1	1	1	1	1
2	9	0	0	2	2	2	2
5	1	0	1	2	1	0	5
合計	36						

上右の表は上左の表に示した2回目の結果の余りとその発生数で集計したものに対して、3回目のさいころを振った結果です。「X_3=0 となる確率」は、右上の3回目のさいころを振った結果の表において0と表示されている部分の確率の合計です。

　○2回目までに割り切れた 14/36 はすべて含まれる。
　○2回目に余り1：　その確率に 1/6 をかけて 12/36 × 1/6
　○2回目に余り2：　その確率に 1/3 をかけて 9/36 × 1/3
　○2回目に余り5：　その確率に 1/3 をかけて 1/36 × 1/3

したがって、これらを合わせた 29/54 が（1）の答えです。この

計算で、本問の解き方がだいたいわかると思います。

●ここに気がつくと…その1

(2) の $X_n=5$ となる確率は、前頁の表を見れば明らかです。$X_1=5$ となる確率は 6 が出た場合の 1/6 だけであり、余り 5 に対してさいころを振って再度余りが 5 になるのは再度 6 が出た場合だけなので、$X_2=5$ となる確率は $1/6^2$ です。以降同様に、$X_n=5$ になる確率は $P(X_n=5)=1/6^n$ となります。

(3) の $X_n=1$ となる確率の計算も、前頁の表から計算します。1 回目に $X_1=1$ となる確率は 2 か 4 が出る場合の確率であり、これは「$P(X_1=1)=1/3$」です。2 回目に $X_2=1$ となる確率は、次の 4 つの場合のいずれかです。

○ $X_1=2$ の後、1 以外の目が出る場合
○ $X_1=4$ の後、1 以外の目が出る場合
○ $X_1=6$ の後、2 か 4 の目が出る場合

したがって、「$P(X_2=1)=1/6 \times 5/6 \times 2+1/6 \times 1/3 = 1/3$」です。3 回目に $X_3=1$ となる確率は、次の 2 つの場合のいずれかです。

○ $X_2=1$ の後、1 以外の目が出る場合
○ $X_2=5$ の後、2 か 4 の目が出る場合

したがって、「$P(X_3=1)=1/3 \times 5/6+1/36 \times 1/3 = 31/108$」です。

●ここに気がつくと…その2

$X_1=1$、$X_2=1$、$X_3=1$ の確率の計算過程から $X_n=1$ の確率を類推し確定させます。以降は高校数学の知識を必要とする若干むずかしい計算になります。3 回目までの過程を元に、一般的なルー

ルを考えます。

○ $X_n=1$ となるためには、$X_{n-1}=1$ または $X_{n-1}=5$
○ $X_{n-1}=5$ となるためには、$X_{n-2}=5$

ここに気がつけば、あとは漸化式を解いて数列を求めます。この関係を確率で表すと、

$P(X_n=1) = P(X_{n-1}=1) \times 5/6 + P(X_{n-1}=5) \times 1/3$
$P(X_{n-1}=5) = P(X_{n-2}=5) \times 1/3$

$P(X_n=5)$ は (2) で求めたので、確率漸化式を書いて解きます。$P(X_n=1)=P_n(1)$、$P(X_n=5)=P_n(5)$ と書き換えると、上の関係式は「$P_n(1)=P_{n-1}(1) \times 5/6 + P_{n-1}(5) \times 1/3$」と書けます。「$P_{n-1}(5)=1/6^{n-1}$」なので、「$P_n(1)=(5/6)P_{n-1}(1)+2/6^n$」となります。後は $P_n(1) \equiv a_n$、$6^n a_n \equiv b_n$、$b_n+1/2 \equiv c_n$ と順に数列を定義して解きます。c_n が等比数列となり、元に戻した末尾の a_n が $X_n=1$ となる確率です。

$$\begin{cases} a_n \equiv P_n(1) = \dfrac{5}{6}a_{n-1} + \dfrac{2}{6^n} \Rightarrow 6^n a_n = 6^n \cdot \dfrac{5}{6}a_{n-1} + 2 \Rightarrow b_n = 5b_{n-1} + 2 \\ 6^n a_n \equiv b_n \end{cases}$$

$$\Rightarrow \alpha = 5\alpha + 2 \Rightarrow \alpha = -\dfrac{1}{2} \Rightarrow b_n + \dfrac{1}{2} = 5\left(b_{n-1} + \dfrac{1}{2}\right)$$

$$\Rightarrow \begin{cases} b_n + \dfrac{1}{2} \equiv c_n \\ c_n = 5c_{n-1} \end{cases} \Rightarrow c_n = 5c_{n-1} = \cdots = 5^{n-1}c_1$$

$$c_1 = b_1 + \dfrac{1}{2} = 6a_1 + \dfrac{1}{2} = 6P_1(1) + \dfrac{1}{2} = 6 \cdot \dfrac{1}{3} + \dfrac{1}{2} = \dfrac{5}{2}$$

$$\therefore c_n = 5^{n-1} \cdot \dfrac{5}{2} = \dfrac{5^n}{2} \Rightarrow b_n = c_n - \dfrac{1}{2} = \dfrac{5^n}{2} - \dfrac{1}{2} = \dfrac{1}{2}(5^n - 1)$$

$$\Rightarrow a_n = \dfrac{b_n}{6^n} = \dfrac{1}{6^n} \cdot \dfrac{1}{2}(5^n - 1) = \dfrac{1}{2}\left[\left(\dfrac{5}{6}\right)^n - \left(\dfrac{1}{6}\right)^n\right]$$

さいころの目を使った割り算の問題…その2

●余事象を考える確率の問題

前問は文系の問題であり、今度は理系の問題です。前問の(3)の計算はかなり面倒でしたが、理系の問題の方が前半はもっと簡単です。(1)(2)は非常に簡単ですが、(3)は高校数学レベルの余事象と極限値の計算が必要です。

難易度：**C**

> さいころを n 回振り、第1回目から第 n 回目までに出たさいころの目の数 n 個の積を X_n とする。
> (1) X_n が5で割り切れる確率を求めよ。
> (2) X_n が4で割り切れる確率を求めよ。
> (3) X_n が20で割り切れる確率を p_n とおく。
>
> $\displaystyle \lim_{x \to \infty} \frac{1}{n} \log(1 - p_n)$ を求めよ。
>
> (注意)さいころは1から6までの目が等確率で出るものとする。
>
> （2003年理科）

［ヒント］

この問題では、この問題は、徹頭徹尾「余事象の確率」を計算します。ある事象の確率を計算するより、その事象が起きない「余事象」の確率の方が計算しやすいのです。

●計算は楽な方がいい！

5で割り切れるためには、n回中1回でもさいころの目で5が出ればよいということです。しかし、何回出るのかの場合分けが非常に面倒です。このような場合には「余事象」すなわち「一度も5が出ない」という場合の確率を全確率1から引く方が計算が簡単です。5が出ない確率は$(5/6)^n$なので、(1)の確率は$1-(5/6)^n$です。

(2)も(1)と同様に、「1-（4で割り切れない確率）」と考えた方が簡単です。さて、「4で割り切れない場合」とはどんな場合でしょうか。まず、奇数ばかりの場合は4では割り切れません。偶数の場合は、当然4は1回も出てはいけませんが、2や6は、合わせて2回以上出ると4で割り切れてしまうので、2と6は、合わせて1回しか出てはいけません。そうすると、

「4で割り切れない場合の数」

＝「奇数ばかりの場合の数」

＋「2と6が合わせて1回だけ出る場合の数」

ということになります。

　　　○奇数がn回出る場合：　　　　場合の数：3^n

2と6が合わせて1回だけ出る場合とは、奇数が$n-1$回出て1回だけ2か6が出る場合であり、その場合の数は次の3つの数の積です。

　　　○奇数が$n-1$回出る場合の数：3^{n-1}

　　　○2または6が出る場合の数：　$2 \times n$

確率は、場合の数の総数で割れば得られます。

「4で割り切れない確率」

$= (3^n + 3^{n-1} \times 2 \times n)/6^n = (1 + 2n/3) \times (1/2)^n$

となります。したがって「4で割り切れる確率」は、1からこの確率を引いたものなので、$1 - (1+2n/3) \times (1/2)^n$です。

●計算が少し面倒になります！

(1)の20で割り切れる確率を計算するよりも、「1−(20で割り切れない確率)」を計算する方が簡単です。ただし、前問よりもさらに複雑になります。

「X_nが20で割り切れない場合」とは、「X_nが4で割り切れない」または「X_nが5で割り切れない」という場合です。前半は(2)で、後半は(1)で解いたので、これらを組み合わせるのですが、両方の場合に「X_nが4でも5でも割り切れない」場合が含まれているので、事象Aの数と事象Bの場合の数の合計からAかつBの場合の数を差し引かなければなりません。

「X_nが4でも5でも割り切れない場合」には、1、2、3、6しか目が許されず、次の2つの場合の数を合計すれば得られます。

○1か3がn回出る場合の数： 2^n
○2か6が1回だけで他はすべて1か3の場合の数： $2n \times 2^{n-1}$

したがって、X_nが4でも5でも割り切れない場合の数は「$2^n + 2n \times 2^{n-1} = 2^n(1+n)$」なので、$X_n$が4でも5でも割り切れない確率は、「$2^n(1+n)/6^n = (1+n) \times (1/3)^n$となります。

(2)よりX_nが4で割り切れない確率は、「$(1+2n/3) \times (1/2)^n$」であり、(1)よりX_nが5で割り切れない確率は「$(5/6)^n$」なので、「X_nが20で割り切れない確率」は次のようになり、

$(1+2n/3) \times (1/2)^n + (5/6)^n - [(1+n) \times (1/3)^n]$

X_n が 20 で割り切れる確率は、1 からこれを引いて、

$$p_n = 1 - \left(1 + \frac{2}{3}n\right)\left(\frac{1}{2}\right)^n - \left(\frac{5}{6}\right)^n + (1+n)\left(\frac{1}{3}\right)^n$$

となります。少し複雑ですが、文系に出題された前問よりは簡単でしょう。ただし理系のこの問題には次の極限値の計算が残ります。これは若干厄介です。

$$1 - p_n = \left(\frac{5}{6}\right)^n + \left(1 + \frac{2}{3}n\right)\left(\frac{1}{2}\right)^n - (n+1)\left(\frac{1}{3}\right)^n$$

$$= \left(\frac{5}{6}\right)^n \left\{ 1 + \left(1 + \frac{2}{3}n\right)\left(\frac{3}{5}\right)^n - (n+1)\left(\frac{2}{5}\right)^n \right\}$$

$$\frac{1}{n}\log(1-p_n) = \log\left(\frac{5}{6}\right) + \frac{1}{n}\log\left\{ 1 + \left(1 + \frac{2}{3}n\right)\left(\frac{3}{5}\right)^n - (n+1)\left(\frac{2}{5}\right)^n \right\}$$

$$= \log\left(\frac{5}{6}\right) + \frac{1}{n}\log\left\{ 1 + \left(\frac{3}{5}\right)^n - \left(\frac{2}{5}\right)^n + \frac{2}{3}n\left(\frac{3}{5}\right)^n - n\left(\frac{2}{5}\right)^n \right\}$$

$t < 1: \quad n \to \infty \Rightarrow \begin{cases} t^n \to 0 \\ nt^n \to 0 \end{cases}$

$\begin{cases} \dfrac{3}{5} < 1 \\ \dfrac{2}{5} < 1 \end{cases} \Rightarrow n \to \infty: \quad \begin{cases} \left(\dfrac{3}{5}\right)^n \to 0, \left(\dfrac{2}{5}\right)^n \to 0 \\ n\left(\dfrac{3}{5}\right)^n \to 0, n\left(\dfrac{2}{5}\right)^n \to 0 \end{cases}$

$\therefore \dfrac{1}{n}\log\left\{ 1 + \left(1 + \dfrac{2}{3}n\right)\left(\dfrac{3}{5}\right)^n - (n+1)\left(\dfrac{2}{5}\right)^n \right\} \to 0$

$\therefore \lim\limits_{n \to \infty} \dfrac{1}{n}\log(1-p_n) = \log\left(\dfrac{5}{6}\right)$

少しむずかしい漸化式を解く数直線上の位置の問題

●**具体的に考えてみる！**

この問題では、高校数学の数列と漸化式の知識と経験が必要

難易度：**C**

コインを投げる試行の結果によって、数直線上にある2点A, Bを次のように動かす。

表が出た場合： 点Aの座標が点Bの座標より大きいときは、AとBを共に正の方向に1動かす。そうでないときは、Aのみ正の方向に1動かす。

裏が出た場合： 点Bの座標が点Aの座標より大きいときは、AとBを共に正の方向に1動かす。そうでないときは、Bのみ正の方向に1動かす。

最初2点A, Bは原点にあるものとし、上記の試行をn回繰り返してAとBを動かしていった結果、A、Bの到達した点の座標をそれぞれa, bとする。

(1) n回コインを投げたときの表裏の出方の場合の数2^n通りのうち、$a=b$となる場合の数をX_nとおく。X_{n+1}とX_nの間の関係式を求めよ。

(2) X_nを求めよ．

(3) n回コインを投げたときの表裏の出方の場合の数2^n通りについてのaの値の平均を求めよ。

(2001年文理共通、文系は (1), (2) のみ)

です。東大入試問題の中ではやさしい方なのですが、計算過程は長く、どこまで行ったら終わるのかというくらい、かなり大変な問題です。このように文章が長い問題では、条件を記号などで表すと見通しがつくことがあります。長い問題ほど簡単であることを思い出してください。整理してみると、

表: $a > b$ ⇒ $a \to a+1$、$b \to b+1$
$a \leq b$ ⇒ $a \to a+1$、$b \to b$
裏: $a < b$ ⇒ $a \to a+1$、$b \to b+1$
$a \geq b$ ⇒ $a \to a$、$b \to b+1$

ということは、表が出れば前に出ている b 以外のすべてを 1 進め、裏が出れば前に出ている a 以外のすべてを 1 進める、というルールです。最初は両方とも原点にあるので、$a=b=0$ から始め、

表が出れば $a \to a+1=1$ $b \to b=0$
裏が出れば $a \to a=0$ $b \to b+1=1$

2回続けて考えると、

表・表が出れば $a \to 1+1=2$ $b \to 0+1=1$
表・裏が出れば $a \to 1+0=1$ $b \to 0+1=1$
裏・表が出れば $a \to 0+1=1$ $b \to 1+0=1$
裏・裏が出れば $a \to 0+1=1$ $b \to 1+1=2$

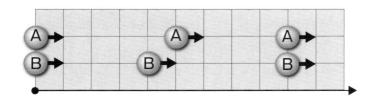

●ここに気がつくと…その1

このルールでは、進んでいる方をさらに進めることはないので、差が2以上になることはなく、AとBの差はつねに0か1しかありません。これがキーポイントです。

「$a=b$ と $a \neq b$ のいずれが成立するか、という点に着目して整理し直すと、次のようになります。

[$a \neq b$]　$a>b$:　（表）　$a \to a+1$、$b \to b+1$　　$a \neq b$
　　　　　　　　　　（裏）　$a \to a$、$b \to b+1$　　　　$a=b$
　　　　　$a<b$:　（表）　$a \to a+1$、$b \to b$　　　　$a=b$
　　　　　　　　　　（裏）　$a \to a+1$、$b \to b+1$　　$a \neq b$
[$a=b$]:　　　　　（表）　$a \to a+1$、$b \to b$　　　　$a \neq b$
　　　　　　　　　　（裏）　$a \to a$、$b \to b+1$　　　　$a \neq b$

つまり、

$a \neq b \Rightarrow$ 　$a=b$ が2通り、$a \neq b$ が2通り

$a=b \Rightarrow$ 　$a \neq b$ が2通り（すべて $a \neq b$ になる）

ということです。そこで、「n 回トスして $a=b$ となる場合の数が X_n」であるならば、表裏の出方の場合の数は 2^n 通りなので、「n 回トスして $a \neq b$ となる場合の数は $2^n - X_n$」です。さらにもう1回トスするとかならず $a \neq b$ となるので、「$X_{n+1} = 2^n - X_n$」となり、これが（1）の答えです。頭の体操にはちょうどいいレベルではないでしょうか。次はこの関係式（これが漸化式です）を解きます。

場合の数の漸化式が得られた場合には、右のような表を作っておくと考えやすくなります。(3)

	n回トス	$n+1$回トス
$a=b$	X_n	X_{n+1}
$a \neq b$	$2^n - X_n$	$2^{n+1} - X_{n+1}$
場合の数の合計	2^n	2^{n+1}

で求める確率は、これらの場合の数をその合計で割った数です。

X_1、X_2 を具体的に確認しておきます。原点から始めた X_1 は、表・裏のいずれが出ても $a \neq b$ となるので、$X_1 = 0$ です。$X_2 = 2^1 - X_1 = 2$ なので、左頁の漸化式を満たしています。

●漸化式を解こう！

次に (2) では、次のような計算で漸化式「$X_{n+1} = 2^n - X_n$」を満たす X_n を求めます。ここは高校数学の範囲です。

$$\begin{cases} X_{n+1} = 2^n - X_n \Rightarrow 2 \cdot \dfrac{X_{n+1}}{2^{n+1}} = 1 - \dfrac{X_n}{2^n} \\ Y_n \equiv \dfrac{X_n}{2^n}, \quad Y_1 = \dfrac{X_1}{2} = 0 \end{cases}$$

$$\Rightarrow 2Y_{n+1} = -Y_n + 1 \Rightarrow 2\alpha = 1 - \alpha \Rightarrow \alpha = \frac{1}{3}$$

$$\Rightarrow 2\left(Y_{n+1} - \frac{1}{3}\right) = -\left(Y_n - \frac{1}{3}\right) \Rightarrow \left(Y_n - \frac{1}{3}\right) = \left(-\frac{1}{2}\right)\left(Y_{n-1} - \frac{1}{3}\right)$$

$$= \cdots = \left(-\frac{1}{2}\right)^{n-1}\left(Y_1 - \frac{1}{3}\right) = -\frac{1}{3}\left(-\frac{1}{2}\right)^{n-1}$$

$$\therefore Y_n = \frac{1}{3} - \frac{1}{3}\left(-\frac{1}{2}\right)^{n-1} = \frac{1}{3}\left[1 - \left(-\frac{1}{2}\right)^{n-1}\right] = \frac{X_n}{2^n}$$

$$\therefore X_n = \frac{1}{3}\left[2^n - 2 \cdot 2^{n-1}\left(-\frac{1}{2}\right)^{n-1}\right] = \frac{1}{3}\left[2^n + 2 \cdot (-1)^n\right]$$

(3) の「a の平均値」とは、a の期待値です。k 回コイントスした結果の座標 a_k と b_k の位置関係から、その位置において次に進む距離とその確率を求めて、その積の総計が a の期待値です。

a_k と b_k の位置関係から、次に進む距離とその確率は、次のように考えることができます。

$a_k > b_k$:　　　　確率 1/2 で +1

$a_k = b_k$:　　　　確率 1/2 で +1

$a_k < b_k$:　　　　確率 1 で +1

それぞれの確率を $P(a_k>b_k)$、$P(a_k<b_k)$、$P(a_k=b_k)$ とおくと、$P(a_k=b_k)$ は (2) で得られた X_n を表裏の出方の場合の数 2^k 通りで割って得られます。これを使って $P(a_k \neq b_k)$ を求めます。以上を組み合わせると a の期待値 $E(a)$ が得られます。

$$\begin{cases} P(a_k = b_k) = \dfrac{X_k}{2^k} \\ P(a_k > b_k) = P(a_k < b_k) \\ P(a_k = b_k) + P(a_k > b_k) + P(a_k < b_k) = 1 \end{cases}$$

$$\therefore P(a_k > b_k) + P(a_k < b_k) = \left(1 - \dfrac{X_k}{2^k}\right)$$

$$\therefore P(a_k > b_k) = P(a_k < b_k) = \dfrac{1}{2}\left(1 - \dfrac{X_k}{2^k}\right)$$

$$\begin{cases} E(a) = \sum_{k=1}^{n} E_k \\ E_{k+1} = \left(\dfrac{1}{2}\right)P(a_k > b_k) + \left(\dfrac{1}{2}\right)P(a_k = b_k) + (1)P(a_k < b_k) \end{cases}$$

$E(a)$ の計算は結構面倒ですが、そうむずかしくはありません。

$$E_{k+1} = \left(\dfrac{1}{2}\right) \cdot \left(\dfrac{1}{2}\right)\left(1 - \dfrac{X_k}{2^k}\right) + \left(\dfrac{1}{2}\right) \cdot \dfrac{X_k}{2^k} + (1) \cdot \left(\dfrac{1}{2}\right)\left(1 - \dfrac{X_k}{2^k}\right)$$

$$= \left(\dfrac{1}{4} + \dfrac{1}{2}\right)\left(1 - \dfrac{X_k}{2^k}\right) + \left(\dfrac{1}{2}\right)\dfrac{X_k}{2^k} = \dfrac{3}{4} - \left(\dfrac{1}{4}\right)\dfrac{X_k}{2^k}$$

$$E(a) = \sum_{k=1}^{n} E_k = \sum_{k=1}^{n}\left(\dfrac{3}{4} - \left(\dfrac{1}{4}\right)\dfrac{X_{k-1}}{2^{k-1}}\right) = \dfrac{3}{4}n - \left(\dfrac{1}{4}\right)\sum_{k=1}^{n}\left(\dfrac{X_{k-1}}{2^{k-1}}\right)$$

$$X_{k-1} = \left(\dfrac{1}{3}\right)\left[2 \cdot (-1)^{k-1} + 2^{k-1}\right]$$

$$\therefore \sum_{k=1}^{n}\left(\frac{X_{k-1}}{2^{k-1}}\right) = \left(\frac{1}{3}\right)\sum_{k=1}^{n}\left[2\cdot\left(-\frac{1}{2}\right)^{k-1}+1\right] = \frac{n}{3}+\left(\frac{2}{3}\right)\sum_{k=1}^{n}\left(-\frac{1}{2}\right)^{k-1}$$

$$= \frac{n}{3}+\left(\frac{2}{3}\right)\frac{1-\left(-\frac{1}{2}\right)^n}{1-\left(-\frac{1}{2}\right)} = \frac{n}{3}+\left(\frac{4}{9}\right)\left\{1-\left(-\frac{1}{2}\right)^n\right\}$$

$$\therefore E(a) = \frac{3}{4}n - \left(\frac{1}{4}\right)\left[\frac{n}{3}+\left(\frac{4}{9}\right)\left\{1-\left(-\frac{1}{2}\right)^n\right\}\right] = \frac{6n-1}{9}+\frac{1}{9}\left(-\frac{1}{2}\right)^n$$

［補足］

　下図に、a の速度に対応する $E(a)/n$ と $a=b$ の確率を示す $X_n/2^n$ の n の増加にともなう変化を示します。$X_n/2^n$ は $1/3$ に近づき、$E(a)/n$ は少しずつ増え続けて $2/3$ に近づきます。

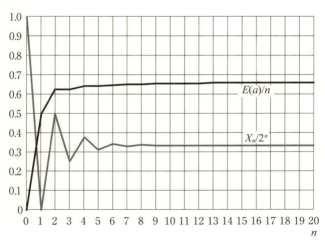

第7章

少しやさしい微積分の問題

52 微積分の分野では もっともやさしい問題

●文系微積分のやさしい問題！

文系微積分（3次関数までの多項式関数の微積分）の問題の中には、驚くほどやさしい問題があります。この問題もその1つであり、図を描かなくとも解けます。

難易度：**A**

> $0 \leq \alpha \leq \beta$ をみたす実数 α、β と、2次式
> $$f(x) = x^2 - (\alpha + \beta)x + \alpha\beta$$
> について,
> $$\int_{-1}^{1} f(x)dx = 1$$
> が成立しているとする。このとき定積分
> $$S = \int_{0}^{\alpha} f(x)dx$$
> を α の式で表し、S がとりうる値の最大値を求めよ。

（2008年文科）

●できることから具体的にやってみよう！

2次方程式の解 α、β があって、1つの定積分がその相互関係を定める関係式を生み出し、その結果2次方程式の積分も α だけの関数になります。

$$\int_{-1}^{1} f(x)dx = \int_{-1}^{1} \left[x^2 - (\alpha+\beta)x + \alpha\beta \right] dx$$

$$= \left[\frac{1}{3}x^3 - \frac{1}{2}(\alpha+\beta)x^2 + \alpha\beta x\right]_{-1}^{1} = \frac{2}{3} + 2\alpha\beta = 1$$
$$\Rightarrow \alpha\beta = \frac{1}{6}$$
$$S = \int_0^\alpha [x^2 - (\alpha+\beta)x + \alpha\beta]dx = \frac{1}{3}\alpha^3 - \frac{1}{2}(\alpha+\beta)\alpha^2 + \alpha^2\beta$$
$$= -\frac{1}{6}\alpha^3 + \frac{1}{2}\cdot\alpha\beta = -\frac{1}{6}\alpha^3 + \frac{1}{12}\alpha = -\frac{\alpha}{12}(2\alpha^2 - 1) = S(\alpha)$$

あとはこの関数の最大値を求めるだけです。

●ここに気がつくと…

ここで、上で得られた $\alpha\beta=1/6$ という関係と $0 \leq \alpha \leq \beta$ の関係から α の範囲が絞られます。

$$\begin{cases} \alpha\beta = \dfrac{1}{6} \\ 0 \leq \alpha \leq \beta \end{cases} \Rightarrow 0 \leq \alpha \leq \frac{1}{\sqrt{6}}$$

したがって、増減表から最大値が次のように得られます。

$$S(\alpha) = -\frac{\alpha}{12}(2\alpha^2 - 1) = -\frac{1}{6}\alpha^3 + \frac{1}{12}\alpha$$
$$S'(\alpha) = -\frac{1}{2}\alpha^2 + \frac{1}{12} = -\frac{1}{12}(6\alpha^2 - 1) = 0$$
$$\alpha = \pm\frac{1}{\sqrt{6}} = \pm\frac{\sqrt{6}}{6}$$
$$0 \leq \alpha \leq \frac{1}{\sqrt{6}} \Rightarrow \alpha = \frac{\sqrt{6}}{6}$$
$$Max = S\left(\frac{1}{\sqrt{6}}\right) = -\frac{1}{12}\cdot\frac{\sqrt{6}}{6}\left(\frac{1}{3} - 1\right) = \frac{\sqrt{6}}{108}$$

α	0		$\dfrac{1}{\sqrt{6}}$
$S'(\alpha)$		+	0
$S(\alpha)$	0		Max

第7章 少しやさしい微積分の問題

これもやさしい文系微積分の問題

●最大値の最小値を求める変数の切り替えの典型問題

前問に次いで簡単なレベルの問題です。

難易度：**B**

以下の問いに答えよ．
(1) t を実数の定数とする。実数全体を定義域とする関数 $f(x)$ を
$$f(x) = -2x^2 + 8tx - 12x + t^3 - 17t^2 + 39t - 18$$
と定める。このとき、関数 $f(x)$ の最大値を t を用いて表せ。
(2) (1)の「関数 $f(x)$ の最大値」を $g(t)$ とする。t が $t \geq -\dfrac{1}{\sqrt{2}}$ の範囲を動くとき、$g(t)$ の最小値を求めよ。

(2014年文科)

●ここに気がつくと…

まずは x の関数 $f(x)$ の最大値を t の関数として求め、次いで t の関数 $g(t)$ の最小値を求めます。最初は x を変数とみて、次に t を変数とみる「変数の切り替え」の典型問題です。

前半が「=0 の方程式で x, y の範囲を求める」のならば P.74 で示した問題のように判別式が使えますが、これは「$f(x)$ の最大値」であり、$f(x)$ は x の2次関数なので平方完成を利用します（対称式の場合の問題は P.76 に示します）。なお、後半の t の多項式はしばらく使わないので $F(t)$ などとおいておくのが便利でしょう。

184

$$\begin{cases} f(x) \equiv -2x^2 + 8tx - 12x + t^3 - 17t^2 + 39t - 18 \\ F(t) \equiv t^3 - 17t^2 + 39t - 18 \end{cases}$$

$$f(x) = -2\left(x^2 - 4tx + 6x\right) + F(t)$$
$$= -2\left[x^2 - 2(2t-3)x\right] + F(t)$$
$$= -2\left[x - (2t-3)\right]^2 + 2(2t-3)^2 + F(t)$$
$$f_{Max} = f(2t-3) = 2(2t-3)^2 + F(t) \equiv g(t)$$

次に t の3次式 $g(t)$ の最小値を求めます。

$$g(t) = 8t^2 - 24t + 18 + t^3 - 17t^2 + 39t - 18$$
$$= t^3 - 9t^2 + 15t$$
$$g'(t) = 3t^2 - 18t + 15 = 3(t^2 - 6t + 5) = 3(t-1)(t-5) = 0$$
$$t = 1, 5$$
$$t \geq -\frac{1}{\sqrt{2}}$$
$$g\left(-\frac{1}{\sqrt{2}}\right) = \left(-\frac{1}{\sqrt{2}}\right)^3 - 9\left(-\frac{1}{\sqrt{2}}\right)^2 + 15\left(-\frac{1}{\sqrt{2}}\right)$$
$$= -\frac{\sqrt{2}}{4} - \frac{9}{2} - \frac{15\sqrt{2}}{2} = -\frac{31\sqrt{2} + 18}{4} \equiv g_L$$
$$\approx -15.5 > -25 = g(5)$$

t	$-\dfrac{1}{\sqrt{2}}$		1		5	
$g'(t)$		+	0	−	0	+
$g(t)$	g_L	↗	7	↘	−25	↗

増減表より、$g(t)$ の最小値は $g(5) = -25$ となります。

54 絶対値記号と3次関数を含む関数の最小値を求める問題

●3次関数の微分の問題

いやにむずかしそうに見えるのですが、これも実は非常に簡単な問題です。三角関数も含まれていますが、この問題ではその微積分は不要です。

難易度：**B**

> θ は、$0° < \theta < 45°$ の範囲の角度を表す定数とする。$-1 \leq x \leq 1$ の範囲で、関数
>
> $$f(x) = |x+1|^3 + |x - \cos 2\theta|^3 + |x-1|^3$$
>
> が最小値をとるときの変数 x の値を、$\cos\theta$ で表せ。
>
> （2006年文科）

●ここに気がつくと

x の範囲：$-1 \leq x \leq 1$ を考えると、関数は非常に簡単になります。

$$-1 \leq x \leq 1 \Rightarrow |x+1| = 1+x, \quad |x-1| = -(x-1) = 1-x$$

$\cos 2\theta \equiv t$ とおくと、与式は次のように簡単になります。

$$f(x) = 6x^2 + 2 + |x-t|^3 \quad (0 < t < 1)$$

この式の最小値を求めるのですが、これは定数 t の前後で場合分けが必要です。右頁上図に示すように、$y = 6x^2 + 2$ と $y = |x-t|^3$ の和が最小値を取る x の値を $\cos\theta$ で表します。

$x \geq t$ の場合は次の通りです。

$x \geq t > 0$: $|x-t| = x-t$
$f(x) = 6x^2 + 2 + (x-t)^3$
$f'(x) = 12x + 3(x-t)^2 > 0$

この場合は単調増加であり、その最小値は $f(t)$ です。

$x < t$ の場合は次の通りです。

$-1 < x \leq t$: $|x-t| = t-x$
$f(x) = 6x^2 + 2 - (x-t)^3$
$f'(x) = 12x - 3(x-t)^2 = -3x^2 + (6t+12)x - 3t^2 = 0$
$x^2 - 2(t+2)x + t^2 = 0 \Rightarrow x = (t+2) \pm \sqrt{(t+2)^2 - t^2}$
$= (t+2) \pm 2\sqrt{t+1} \Rightarrow \begin{cases} \alpha \equiv 2\cos^2\theta + 1 - 2\sqrt{2}\cos\theta \\ \beta \equiv 2\cos^2\theta + 1 + 2\sqrt{2}\cos\theta \end{cases}$

このいずれかの値が最小値を生むはずです。

$0° < \theta < 45° \Rightarrow 0 < t = \cos 2\theta = 2\cos^2\theta - 1 < 1$
$\Rightarrow \dfrac{\sqrt{2}}{2} < \cos\theta < 1 \Rightarrow \beta > 1$

これを元に増減表を書くと右の通りとなり、その最小値は $f(t)$ より小さくなります。また、$f(-1) < 0$ かつ $f(t) >$ なので、$-1 < \alpha < t$ となり、範囲 $-1 \leq x \leq 1$ の中で α だけが極値を生じます。したがって、変数 x の値 α は次の通りです。

$x = 2\cos^2\theta + 1 - 2\sqrt{2}\cos\theta$

x	-1		α		t
$f'(x)$	$-$	$-$	0	$+$	$+$
$f(x)$	$f(-1)$	↘	Min	↗	$f(t)$

対数分数関数の高次導関数の漸化式の問題

● **対数分数関数の微分の問題**

ものすごくむずかしそうな問題に見えますが、これも実は非常に簡単な問題です。

難易度：**B**

> $x>0$ に対し $f(x) = \dfrac{\log x}{x}$ とする.
> (1) $n=1$、2、… に対し $f(x)$ の第n次導関数は，数列$\{a_n\}$、$\{b_n\}$を用いて
> $$f^{(n)}(x) = \dfrac{a_n + b_n \log x}{x^{n+1}}$$
> と表されることを示し、$\{a_n\}$、$\{b_n\}$に関する漸化式を求めよ。
> (2) $h_n = \displaystyle\sum_{k=1}^{n} \dfrac{1}{k}$ とおく。h_nを用いて$\{a_n\}$、$\{b_n\}$の一般項を求めよ。
>
> （2005年理科）

● **できることから具体的にやってみよう！**

(1)は、$f(x)$ の第n次導関数の形式がこの型になることを示す問題です。まず $n=1$ で a_1、b_1 を計算します。

$$f^{(1)}(x) = \dfrac{d}{dx}\left(\dfrac{\log x}{x}\right) = \dfrac{\dfrac{1}{x}\cdot x - \log x}{x^2} = \dfrac{1 - \log x}{x^2} \Rightarrow \begin{cases} a_1 = 1 \\ b_1 = -1 \end{cases}$$

このように a_1、b_1 が得られれば $n=1$ で成立です。

次に n 次での成立を仮定して $n+1$ 次での成立を示します。

$$f^{(n+1)}(x) = \frac{d}{dx}\left(\frac{a_n + b_n \log x}{x^{n+1}}\right)$$

$$= \frac{\frac{b_n}{x} \cdot x^{n+1} - (a_n + b_n \log x)(n+1)x^n}{(x^{n+1})^2}$$

$$= \frac{b_n - (a_n + b_n \log x)(n+1)}{x^{n+2}}$$

$$= \frac{b_n - (n+1)a_n - (n+1)b_n \log x}{x^{n+2}} = \frac{a_{n+1} + b_{n+1} \log x}{x^{n+2}}$$

$$\therefore \begin{cases} a_{n+1} = b_n - (n+1)a_n \\ b_{n+1} = -(n+1)b_n \end{cases}$$

●ここに気がつくと…

(2)では、2つの数列が交差していない $\{b_n\}$ を先に求めます。

$b_1 = -1$、$b_2 = (-2)(-1) = 2!$、$b_3 = (-3)(2) = -3!$

ということで、「$b_n = (-1)^n n!$」が明らかです。次にこれを使って $\{a_n\}$ を求めます。

$$\begin{cases} a_{n+1} = b_n - (n+1)a_n \\ b_n = (-1)^n n! \end{cases} \Rightarrow \frac{a_{n+1}}{b_{n+1}} = -\frac{1}{n+1} + \frac{a_n}{b_n}$$

$$c_n \equiv \frac{a_n}{b_n}, \quad c_1 = \frac{a_1}{b_1} = -1$$

$$c_n = c_{n-1} - \frac{1}{n} = \left(c_{n-2} - \frac{1}{n-1}\right) - \frac{1}{n} = c_{n-2} - \left(\frac{1}{n} + \frac{1}{n-1}\right)$$

$$= \cdots = c_1 - \left(\frac{1}{n} + \frac{1}{n-1} + \cdots + \frac{1}{2}\right) = c_1 - (h_n - 1) = -h_n$$

$$a_n = b_n c_n = (-1)^n n!(-h_n) = (-1)^{n+1} n! h_n$$

56 2つの放物線の交点と原点がつくる三角形の面積の積分計算

●比較的やさしい図形と積分の問題

今度は理科の図形と積分の問題です。積分計算が若干複雑ですが、着実に計算していけば解ける問題です。変数変換は東大の入試問題の十八番です。

難易度：C

u を実数とする。座標平面上の2つの放物線
  $C_1 : y = -x^2 + 1$
  $C_2 : y = (x-u)^2 + u$
を考える。C_1 と C_2 が共有点をもつような u の値の範囲は、ある実数 a, b により、$a \leq u \leq b$ と表される。

(1) a, b の値を求めよ。

(2) u が $a \leq u \leq b$ をみたすとき、C_1 と C_2 の共有点を $P_1(x_1, y_1)$、$P_2(x_2, y_2)$ とする。ただし、共有点が1点のみのときは、P_1 と P_2 は一致し、ともにその共有点を表すとする。
  $2|x_1 y_2 - x_2 y_1|$
を u の式で表せ。

(3) (2)で得られる u の式を $f(u)$ とする。定積分
  $$\int_a^b f(u)\,du$$
を求めよ。

（2014年理科）

●できることから具体的にやってみよう！

C_1 の頂点は y 軸上の座標 $(0,1)$ に固定されていますが、u は C_2 の頂点の x 座標であり、C_2 は直線 $y=x$ 上を動きます。

C_1 の位置から、u には制限が生じますが、それが (1) で求める a, b です。a, b は判別式から得られます。

$$y = -x^2 + 1 = (x-u)^2 + u$$
$$2x^2 - 2ux + (u^2 + u - 1) = 0$$
$$D/4 = u^2 - 2(u^2 + u - 1) \geq 0$$
$$u^2 + 2u - 2 \leq 0$$
$$u^2 + 2u - 2 = 0 \Rightarrow u = \frac{-2 \pm \sqrt{4+8}}{2} = -1 \pm \sqrt{3}$$
$$u^2 + 2u - 2 \leq 0 \Leftrightarrow -1 - \sqrt{3} \leq u \leq -1 + \sqrt{3}$$
$$\Rightarrow \begin{cases} a = -1 - \sqrt{3} \\ b = \sqrt{3} - 1 \end{cases}$$

(2) の $|x_1 y_2 - x_2 y_1|$ は、原点と $P_1(x_1, y_1)$、$P_2(x_2, y_2)$ が構成する三角形の面積の2倍を表します。そして、x_1, x_2 は (2) の方程式の2解であってその和と差は解と係数の関係から得られ、y_1, y_2 は曲線の方程式から得られます。

$$\begin{cases} P_1(x_1, y_1) \\ P_2(x_2, y_2) \end{cases} \begin{cases} x_1 + x_2 = u \\ x_1 x_2 = \dfrac{u^2 + u - 1}{2} \end{cases} \begin{cases} y_1 = -x_1^2 + 1 \\ y_2 = -x_2^2 + 1 \end{cases}$$

$$\begin{cases} P_1(x_1, y_1) \\ P_2(x_2, y_2) \end{cases} \begin{cases} x_1 + x_2 = u \\ x_1 x_2 = \dfrac{u^2 + u - 1}{2} \end{cases} \begin{cases} y_1 = -x_1^2 + 1 \\ y_2 = -x_2^2 + 1 \end{cases}$$

$$x_1 y_2 - x_2 y_1 = x_1(-x_2^2 + 1) - x_2(-x_1^2 + 1)$$
$$= -x_1 x_2^2 + x_2 x_1^2 + (x_1 - x_2) = (x_1 x_2 + 1)(x_1 - x_2)$$
$$(x_1 - x_2)^2 = (x_1 + x_2)^2 - 4x_1 x_2 = u^2 - 2(u^2 + u - 1)$$
$$= -u^2 - 2u + 2 \geq 0$$

$$2|x_1 y_2 - x_2 y_1| = 2\left|\left(\dfrac{u^2 + u - 1}{2} + 1\right)\sqrt{-u^2 - 2u + 2}\right|$$
$$= \left|(u^2 + u + 1)\sqrt{-(u^2 + 2u - 2)}\right|$$

$$u^2 + u + 1 = \left(u + \dfrac{1}{2}\right)^2 + \dfrac{3}{4} > 0$$

$$\therefore 2|x_1 y_2 - x_2 y_1| = (u^2 + u + 1)\sqrt{-(u^2 + 2u - 2)}$$

(3)の積分は、まともに書くと次のようになります。

$$I \equiv \int_{-1-\sqrt{3}}^{\sqrt{3}-1}(u^2 + u + 1)\sqrt{-(u^2 + 2u - 2)}\,du$$

●ここに気がつくと…

このままで積分するのはたいへんなので、積分区間の「-1」を打ち消すために、まず変数を次のように置き換えます。積分では変数の置き換えは日常茶飯事です。

$$\begin{cases} u = a = -1 - \sqrt{3} \\ u = b = \sqrt{3} - 1 \end{cases} \Rightarrow t \equiv u + 1 \Rightarrow \begin{cases} t = -\sqrt{3} \\ t = \sqrt{3} \end{cases}$$
$$\Rightarrow \begin{cases} u^2 + u + 1 = (u+1)^2 - u = t^2 - (t-1) \\ u^2 + 2u - 2 = (u+1)^2 - 3 = t^2 - 3 \end{cases}$$

$$f(u) = (u^2+u+1)\sqrt{-(u^2+2u-2)} = (t^2-t+1)\sqrt{3-t^2}$$

$$\therefore I = \underbrace{\int_{-\sqrt{3}}^{\sqrt{3}}(t^2+1)\sqrt{3-t^2}\,dt}_{\text{偶関数}} - \underbrace{\int_{-\sqrt{3}}^{\sqrt{3}}t\sqrt{3-t^2}\,dt}_{\text{奇関数}}$$

$$= 2\int_0^{\sqrt{3}}(t^2+1)\sqrt{3-t^2}\,dt$$

奇関数と偶関数の認識は早い方が効率的です。

●後は力技です！

三角関数に変数変換した後は、個別に積分計算します。

$$t \equiv \sqrt{3}\sin\theta \Rightarrow \begin{cases} t=0 \\ t=\sqrt{3} \end{cases} \Rightarrow \begin{cases} \theta = 0 \\ \theta = \dfrac{\pi}{2} \end{cases}$$

$$I \equiv 2\int_0^{\frac{\pi}{2}}(3\sin^2\theta+1)\sqrt{3}\cos\theta \cdot \sqrt{3}\cos\theta\,d\theta$$

$$= 6\int_0^{\frac{\pi}{2}}(3\sin^2\theta+1)\cos^2\theta\,d\theta$$

$$= 18\int_0^{\frac{\pi}{2}}\sin^2\theta\cos^2\theta\,d\theta + 6\int_0^{\frac{\pi}{2}}\cos^2\theta\,d\theta \Rightarrow \begin{cases} I_1 \equiv \int_0^{\frac{\pi}{2}}\sin^2\theta\cos^2\theta\,d\theta \\ I_2 \equiv \int_0^{\frac{\pi}{2}}\cos^2\theta\,d\theta \end{cases}$$

$$I_1 = \frac{1}{4}\int_0^{\frac{\pi}{2}}\sin^2 2\theta\,d\theta = \frac{1}{4}\int_0^{\frac{\pi}{2}}\frac{1-\cos 4\theta}{2}\,d\theta = \frac{1}{8}\left[\theta - \frac{1}{4}\sin 4\theta\right]_0^{\frac{\pi}{2}} = \frac{\pi}{16}$$

$$I_2 = \int_0^{\frac{\pi}{2}}\frac{1+\cos 2\theta}{2}\,d\theta = \frac{1}{2}\left[\theta + \frac{1}{2}\sin 2\theta\right]_0^{\frac{\pi}{2}} = \frac{\pi}{4}$$

$$\therefore I = 18 \cdot \frac{\pi}{16} + 6 \cdot \frac{\pi}{4} = \left(\frac{9}{8} + \frac{12}{8}\right)\pi = \frac{21}{8}\pi$$

三角関数を含む2つの曲線の交点の数を求める問題

●一見むずかしそうだが実はやさしい問題

今度は理科系らしい微分フル活用の問題です。論理的にもっとも簡単な方法を考えると、実に解きやすい問題に早変わりします。

難易度：**C**

a を実数とし、$x>0$ で定義された関数 $f(x)$、$g(x)$ を次のように定める。

$$f(x) = \frac{\cos x}{x}$$

$$g(x) = \sin x + ax$$

このとき、$y=f(x)$ のグラフと $y=g(x)$ のグラフが $x>0$ において共有点をちょうど3つ持つような a をすべて求めよ。

（2013年理科）

[ヒント]

共有点を議論するには接線を考えます。その場合もっとも簡単な方法は「曲線と接線の問題」に帰着させる方法です。

●ここに気がつくと…

2つの曲線が交点を持つ条件を求めるために、まず2つの曲線を「＝」でつないで、右辺が定数aになるように等値変形します。ここで$x>0$が重要です。その結果の左辺の曲線の振る舞いを、微分を

使い増減表を書いて調べるだけの問題になります。

$$\begin{cases} f(x) = \dfrac{\cos x}{x} \\ g(x) = \sin x + ax \end{cases} \Rightarrow \dfrac{\cos x}{x} = \sin x + ax$$

$$h(x) = \dfrac{\cos x}{x^2} - \dfrac{\sin x}{x} = \dfrac{\cos x - x\sin x}{x^2} = a$$

●後は力技です！

左辺の振る舞いを調べ、増減表を書きます。

$$h'(x) = \dfrac{(\cos x - x\sin x)' \cdot x^2 - (\cos x - x\sin x) \cdot 2x}{x^4}$$

$$= \dfrac{(-\sin x - \sin x - x\cos x) \cdot x - 2(\cos x - x\sin x)}{x^3}$$

$$= \dfrac{-2x\sin x - x^2\cos x - 2\cos x + 2x\sin x}{x^3} = \dfrac{-(x^2+2)\cos x}{x^3}$$

x	0		$\dfrac{1}{2}\pi$		$\dfrac{3}{2}\pi$		$\dfrac{5}{2}\pi$		$\dfrac{7}{2}\pi$	
$h'(x)$		−	0	+	0	−	0	+	0	−
$h(x)$	∞	↘	極小	↗	極大	↘	極小	↗	極大	↘

極値を与える x は次のように定まります。代入する x の値によって、$\sin x = \pm 1$、$\cos x = 0$ となることに注意。

$$\dfrac{1}{2}\pi, \dfrac{3}{2}\pi, \dfrac{5}{2}\pi, \dfrac{7}{2}\pi, \quad x = \dfrac{\pi}{2}(2k-1) \Rightarrow \begin{cases} \cos x = 0 \\ \sin x = \pm 1 \end{cases}$$

$$\therefore h\left(\dfrac{\pi}{2}(2k-1)\right) = \pm\dfrac{1}{x} = \begin{cases} -\dfrac{1}{x} & (k=1,3,5\cdots) \\ \dfrac{1}{x} & (k=2,4,6\cdots) \end{cases}$$

$$= -\frac{2}{\pi}, \frac{1}{3} \cdot \frac{2}{\pi}, -\frac{1}{5} \cdot \frac{2}{\pi}, \frac{1}{7} \cdot \frac{2}{\pi} \cdots$$

ここまでわかると、次のようなグラフが描けて、左辺の振る舞いが見えてくるでしょう。

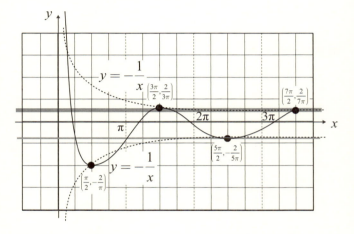

曲線と $y=a$ の直線が「共有点をちょうど3つ持つ場合」とは、上のグラフに示したように、$x=5\pi/2$ における接線の場合と、$x=3\pi/2$ における接線より下、$x=7\pi/2$ における接線より上の場合です。したがって、解は次のようになります。

$$\begin{cases} k=2: h\left(\dfrac{3\pi}{2}\right) = \dfrac{1}{3} \cdot \dfrac{2}{\pi} = \dfrac{2}{3\pi} \\ k=3: h\left(\dfrac{5\pi}{2}\right) = -\dfrac{1}{5} \cdot \dfrac{2}{\pi} = -\dfrac{2}{5\pi} \\ k=4: h\left(\dfrac{7\pi}{2}\right) = \dfrac{1}{7} \cdot \dfrac{2}{\pi} = \dfrac{2}{7\pi} \end{cases} \Rightarrow \begin{cases} \dfrac{2}{7\pi} < a < \dfrac{2}{3\pi} \\ or \\ a = -\dfrac{2}{5\pi} \end{cases}$$

複雑な三角関数の定積分の問題

●「定積分は定数」に気がつけば解ける問題

ものすごくむずかしそうな問題に見えますが、これも実は非常に簡単な問題です。頻出問題であり、計算量も標準的です。

難易度：C

次の等式を満たす関数 $f(x)$ $(0 \leq x \leq 2\pi)$ がただ一つ定まるための実数 a、b の条件を求めよ。また、そのときの $f(x)$ を決定せよ。

$$f(x) = \frac{a}{2\pi}\int_0^{2\pi} \sin(x+y)f(y)dy + \frac{b}{2\pi}\int_0^{2\pi} \cos(x-y)f(y)dy + \sin x + \cos x$$

ただし、$f(x)$は区間 $0 \leq x \leq 2\pi$ で連続な関数とする。

（2001年理科）

［ヒント］

この中の積分はあくまで定積分であり、それは定数にすぎません。その中にも x が入っていますが、これも $\sin(x+y)$、$\cos(x-y)$ を加法定理で x と y に分解すれば早変わりします。

●ここに気がつくと…

まず $\sin(x+y)$、$\cos(x-y)$ を加法定理で x と y に分解します。

$$\int_0^{2\pi} \sin(x+y)f(y)dy$$

$$= \int_0^{2\pi} (\sin x \cos y + \cos x \sin y) f(y) dy$$
$$= \sin x \int_0^{2\pi} \cos y f(y) dy + \cos x \int_0^{2\pi} \sin y f(y) dy$$
$$\int_0^{2\pi} \cos(x-y) f(y) dy$$
$$= \int_0^{2\pi} (\cos x \cos y + \sin x \sin y) f(y) dy$$
$$= \cos x \int_0^{2\pi} \cos y f(y) dy + \sin x \int_0^{2\pi} \sin y f(y) dy$$

定積分は定数なので、文字で置き換えます。

$$\int_0^{2\pi} \cos y f(y) dy \equiv A, \quad \int_0^{2\pi} \sin y f(y) dy \equiv B$$
$$\begin{cases} \int_0^{2\pi} \sin(x+y) f(y) dy = A \sin x + B \cos x \\ \int_0^{2\pi} \cos(x-y) f(y) dy = A \cos x + B \sin x \end{cases}$$
$$\therefore f(x) = \sin x \left\{ \frac{aA}{2\pi} + \frac{bB}{2\pi} + 1 \right\} + \cos x \left\{ \frac{aB}{2\pi} + \frac{bA}{2\pi} + 1 \right\}$$

さらにもう1回置き換えると簡単な形になります。

$$\begin{cases} \dfrac{aA}{2\pi} + \dfrac{bB}{2\pi} + 1 = C \\ \dfrac{aB}{2\pi} + \dfrac{bA}{2\pi} + 1 = D \end{cases} \qquad f(x) = C \sin x + D \cos x$$

これを上の定数の定義式に代入して、定数を計算します。

$$A = \int_0^{2\pi} \cos y (C \sin y + D \cos y) dy$$
$$= C \int_0^{2\pi} \cos y \sin y dy + D \int_0^{2\pi} \cos^2 y dy$$
$$B = \int_0^{2\pi} \sin y (C \sin y + D \cos y) dy$$
$$= C \int_0^{2\pi} \sin^2 y dy + D \int_0^{2\pi} \sin y \cos y dy$$
$$\int_0^{2\pi} \sin y \cos y dy = \left[\frac{1}{2} \sin^2 y \right]_0^{2\pi} = 0$$

$$\int_0^{2\pi} \cos^2 y\, dy = \int_0^{2\pi} \frac{1+\cos 2y}{2} dy = \left[\frac{1}{2}y + \frac{1}{4}\sin 2y\right]_0^{2\pi} = \pi$$

$$\int_0^{2\pi} \sin^2 y\, dy = \int_0^{2\pi} \frac{1-\cos 2y}{2} dy = \left[\frac{1}{2}y - \frac{1}{4}\sin 2y\right]_0^{2\pi} = \pi$$

$$\therefore A = D\pi, \quad B = C\pi$$

$$\therefore \begin{cases} \dfrac{aA}{2\pi} + \dfrac{bB}{2\pi} + 1 = \dfrac{aD}{2} + \dfrac{bC}{2} + 1 = C \\ \dfrac{aB}{2\pi} + \dfrac{bA}{2\pi} + 1 = \dfrac{aC}{2} + \dfrac{bD}{2} + 1 = D \end{cases}$$

この方程式から C、D が得られれば、A、B を得られます。この問題が出題された年度ではまだ行列が高校数学に含まれていたので、下に示すように、2つの1次方程式を行列で表現して、係数行列の逆行列を得られます。

$$\begin{cases} aD + (b-2)C = -2 \\ (b-2)D + aC = -2 \end{cases} \Leftrightarrow \begin{pmatrix} b-2 & a \\ a & b-2 \end{pmatrix}\begin{pmatrix} C \\ D \end{pmatrix} = -2\begin{pmatrix} 1 \\ 1 \end{pmatrix}$$

この方程式がただ1組の解を持つ条件「$a^2 \neq (b-2)^2$」が、「$f(x)$ がただ一つ定まるための実数 a、b の条件」です。この方程式を解いて、解 $f(x)$ が得られます。

$$a^2 \neq (b-2)^2 \Rightarrow$$
$$D = \frac{2(b-a-2)}{a^2-(b-2)^2} = \frac{2(b-a-2)}{(a+b-2)(a-b+2)} = \frac{2}{2-a-b}$$
$$aC = \frac{-2(2-a-b)-2(b-2)}{2-a-b} = \frac{2a}{2-a-b}$$
$$C = \frac{2}{2-a-b} = D$$
$$f(x) = \frac{2}{2-a-b}(\sin x + \cos x)$$

59 東大の回転体積分の問題の中でもっともやさしい問題

●難度を増す回転体積分の問題

近年の東大の体積積分の問題は年々難度を増し、要警戒です。2013年の問題になるともう、時間中に解ける気がしません。その中でこの問題は、もっともやさしい回転体積分の問題です。

難易度：C

r を正の実数とする。xyz 空間内の原点 $O(0,0,0)$ を中心とする半径 1 の球を A、点 $P(r,0,0)$ を中心とする半径 1 の球を B とする。球 A と球 B の和集合の体積を V とする。ただし、球 A と球 B の和集合とは、球 A または球 B の少なくとも一方に含まれる点全体よりなる立体のことである。
(1) V を r の関数として表し、そのグラフの概形をかけ。
(2) $V=8$ となるとき、r の値はいくらか。四捨五入して小数第1位まで求めよ。
注意：円周率 π は $3.14 < \pi < 3.15$ をみたす。

(2004年理科)

●できることから具体的にやってみよう！

(1) の V とは、次頁の図の2つの円を合わせた領域を回転した立体であり、「2つの球の体積の合計−重複部分の体積」です。体積 V を計算するには -1 から $r/2$ まで積分して 2 倍します。

V の最小値は $r=0$ の場合で球 1 個分、最大値は $r \geq 2$ の場合で球 2 個分になります。

球 B の影響は積分範囲の終端の位置だけに影響します。すると断面積は球の方程式から次のように得られます。

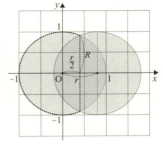

$$x^2+y^2+z^2=1$$
$$S(x)=\pi R^2=\pi(y^2+z^2)=\pi(1-x^2)$$

これを $-1 \leq x \leq r/2$ ($0 \leq r \leq 1$) で積分すると、次のようになります。

$$V(r) = 2\int_{-1}^{\frac{r}{2}} S(x)dx = 2\int_{-1}^{\frac{r}{2}} \pi(y^2+z^2)dx$$
$$= 2\pi \int_{-1}^{\frac{r}{2}} (1-x^2)dx = 2\pi \left[x - \frac{1}{3}x^3\right]_{-1}^{\frac{r}{2}}$$
$$= 2\pi \left\{\frac{r}{2} - \frac{1}{3}\left(\frac{r}{2}\right)^3 - (-1) + \frac{1}{3}(-1)^3\right\}$$
$$= 2\pi \left(\frac{1}{2}r - \frac{1}{24}r^3 + \frac{2}{3}\right) = \left(-\frac{1}{12}r^3 + r + \frac{4}{3}\right)\pi$$

導関数を求め、増減表を書いて、関数の挙動を調べ、グラフを描きます。$r \geq 2$ の場合に一定値になることに要注意。

$$V(r) = -\frac{\pi}{12}(r^3 - 12r - 16)$$
$$= -\frac{\pi}{12}(r+2)(r^2-2r-8) = -\frac{\pi}{12}(r+2)^2(r-4)$$
$$V'(r) = -\frac{\pi}{12}(3r^2-12) = -\frac{\pi}{4}(r^2-4) = 0, \quad r = \pm 2$$

$$V(\pm 2) = -\frac{\pi}{12}\{(\pm 2)+2\}^2\{(\pm 2)-4\} = 0, \frac{8\pi}{3}$$

r		-2		0		2		4	
$V'(r)$	$-$	0	$+$		$+$	0	$-$		
$V(r)$	↘	0	↗	$\frac{4\pi}{3}$	↗	$\frac{8\pi}{3}$	↘	0	↘

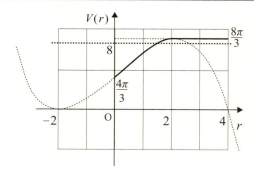

 (2)の V の値から R の値を求めるのは大変なので、「四捨五入して小数第1位」という条件を考え、r の値を加減して正しい値を求めます。上のグラフから、$r=1.5$ 前後であることがわかります。

$$V(r) = \frac{\pi}{12}(4-r)(r+2)^2$$

に対して $r=1.5$ を代入すると、

 $V(1.5) = \pi \times 2.5/12 \times 3.5^2 = 2.55 \times \pi = 8.01 > 8 \Rightarrow R < 1.5$

したがって、$r=1.4$ または 1.5 です。

 $V(1.4) = \pi \times 2.6/12 \times 3.4^2 = 2.50 \times \pi = 7.85 < 8$

 $V(1.5) - 8 = 0.01 < 0.15 = 8 - V(1.4)$

したがって、$r=1.5$ となります。

東大の回転体積分の問題の中で 2番目にやさしい問題

●2012年の回転体積分の問題

この問題は、前問に次いでやさしい問題です。

難易度：**C**

> 座標平面上で2つの不等式
>
> $$y \geq \frac{1}{2}x^2, \quad \frac{x^2}{4} + 4y^2 \leq \frac{1}{8}$$
>
> によって定まる領域を S とする。S を x 軸のまわりに回転してできる立体の体積を V_1 とし、y 軸のまわりに回転してできる立体の体積を V_2 とする。
> (1) V_1 と V_2 の値を求めよ。
> (2) $\dfrac{V_2}{V_1}$ の値と1の大小を判定せよ。
>
> （2012年理科）

●できることから具体的にやってみよう！

(1)は、まず放物線と楕円が囲む領域を、次頁上段に示します。まず、楕円の x 切片、y 切片や放物線と楕円の交点は必ず必要になるので計算しておきます。

$$\frac{x^2}{4} + 4y^2 = \frac{1}{8} \to \frac{x^2}{\left(\frac{1}{\sqrt{2}}\right)^2} + \frac{y^2}{\left(\frac{1}{4\sqrt{2}}\right)^2} = 1$$

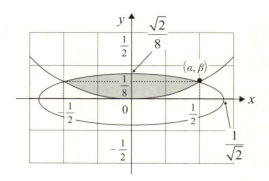

$$x = 0 \to y = \pm \frac{1}{4\sqrt{2}} = \pm \frac{\sqrt{2}}{8} \approx \pm 0.18$$

$$y = 0 \to x = \pm \frac{1}{\sqrt{2}} \approx \pm 0.7$$

2曲線の交点は、x を消去して y を求め、次いで x を求めます。

$$\begin{cases} y = \dfrac{1}{2}x^2 \\ \dfrac{x^2}{4} + 4y^2 = \dfrac{1}{8} \end{cases} \Rightarrow \frac{x^2}{4} + 4y^2 = \frac{1}{4}(2y) + 4y^2 = \frac{1}{8}$$

$$32y^2 + 4y - 1 = (8y - 1)(4y + 1) = 0$$

$$y = \frac{1}{8}, -\frac{1}{4}, \quad y > 0 \to y = \frac{1}{8} \to \alpha = \pm \frac{1}{2}$$

x 軸の周りの回転体の体積 V_1 を求めます。

$$V_{(x)} = \int_a^b \pi \{f(x)\}^2 dx = \int_a^b \pi y^2 dx \begin{cases} y^2 = \dfrac{1}{32} - \dfrac{1}{16}x^2 \\ y^2 = \left(\dfrac{1}{2}x^2\right)^2 = \dfrac{1}{4}x^4 \end{cases}$$

$$V_1 = 2\int_0^{\frac{1}{2}} \pi \left\{ \left(\frac{1}{32} - \frac{1}{16}x^2\right) - \left(\frac{1}{4}x^4\right) \right\} dx$$

$$= \frac{\pi}{16}\int_0^{\frac{1}{2}}(1-2x^2-8x^4)dx = \frac{\pi}{16}\left[x-\frac{2}{3}x^3-\frac{8}{5}x^5\right]_0^{\frac{1}{2}}$$

$$= \frac{\pi}{16}\left(\frac{1}{2}-\frac{1}{12}-\frac{1}{20}\right) = \frac{\pi}{32}\cdot\frac{30-5-3}{30} = \frac{\pi}{32}\cdot\frac{11}{15}$$

次に y 軸の周りの回転体の体積 V_2 を求めます。

$$V_{(y)} = \int_c^d \pi\{g(y)\}^2 dy = \int_c^d \pi x^2 dy \quad \begin{cases} x^2 = 2y \\ x^2 = \frac{1}{2}-16y^2 \end{cases}$$

$$V_2 = \int_0^{\frac{1}{8}} \pi(2y)dy + \int_{\frac{1}{8}}^{\frac{\sqrt{2}}{8}} \pi\left(\frac{1}{2}-16y^2\right)dy$$

$$= \pi\left[y^2\right]_0^{\frac{1}{8}} + \pi\left[\frac{1}{2}y - \frac{16}{3}y^3\right]_{\frac{1}{8}}^{\frac{\sqrt{2}}{8}}$$

$$= \pi\left(\frac{1}{8}\right)^2 + \pi\left[\frac{1}{2}\left(\frac{\sqrt{2}}{8}-\frac{1}{8}\right) - \frac{16}{3}\left\{\left(\frac{\sqrt{2}}{8}\right)^3-\left(\frac{1}{8}\right)^3\right\}\right]$$

$$= \frac{\pi}{64} + \frac{\pi}{96}(4\sqrt{2}-5) = \frac{\pi}{192}(8\sqrt{2}-7)$$

(2)は、そのまま数値で計算してもよいのですが、1との差を取って、比較するものを根号の中に押し込んだままで比較する方法も計算が簡単でよく利用します。「V_1 と V_2 の大小を判定せよ」ではなく「V_2/V_1 と1の大小を判定せよ」となっていることに注目します。

$$\frac{V_2}{V_1} - 1 = \frac{5(8\sqrt{2}-7)-2\cdot11}{2\cdot11} = \frac{40\sqrt{2}-57}{2\cdot11}$$

$$= \frac{\sqrt{3200}-\sqrt{3249}}{2\cdot11} < 0 \quad \therefore \frac{V_2}{V_1} < 1$$

●索引●

■ 英数字
3で割った余り	60, 62

■ あ
円周率の近似値	20
オイラーの公式	93

■ か
回転行列	142
回転体積分	200, 203
格子点	136

■ さ
三角関数	26, 90, 106
三角関数の加法定理	90
史上最短の入試問題	20, 38
自然数の1乗和・2乗和・3乗和	132
視点の切り替え	28, 30
新記号	150
数学的帰納法	39, 50, 51
数列の極限	140
線形計画法	66

■ た
長文問題	14
等差数列	128, 131
等比数列	128, 131, 169

■ な
二重根号	23

■ は

背理法	39, 59
半端な角度の三角関数値	95, 112, 114
不定方程式の整数解	40, 44, 46
文系微積分	182, 184, 186
ベクトルの内積	92, 109
ベクトル方程式	117
変数の切り替え	24, 184, 192

■ ま

無限小数	21

■ や

有理数	38

■ ら

連続する整数は互いに素	54, 56

■ わ

割り算	60, 62, 148, 166, 170

●参考・関連書籍

『東大入試問題で数学的思考を磨く本』(アーク出版刊)
　　社会人向けの数学再学習のための本です。本書より少しむずかしいレベルまでの問題をあつかい、解説が少し詳しくなっています。

『入試数学 珠玉の名問』(アーク出版刊)
　　社会人・受験生向けの数学入試問題の本です。本書より少しむずかしいレベルまでの数多くの問題を収録しています。

『おもしろいほどよくわかる! 図解入門 物理数学』(アーク出版刊)
　　社会人・受験生向けの大学数学の中でもっともおもしろい物理数学の図解書です。媒介変数表示曲線や微分方程式など、入試数学にも登場する物理数学の内容を詳しく解説しています。

著 者

京極一樹（きょうごく かずき）

東京大学理学部物理学科卒。サラリーマンを経た後、理工学関係の実用書籍の編集や執筆を長年にわたって行なってきた。
読者がほしい情報や知識を、豊富な図解をまじえてわかりやすく解説することを信条とする。
主な著書として『ちょっとわかればこんなに役に立つ　中学・高校数学のほんとうの使い道』『ちょっとわかればこんなに役に立つ　中学・高校物理のほんとうの使い道』『ちょっとわかればこんなに役に立つ　統計・確率のほんとうの使い道』『いまだから知りたい元素と周期表の世界』（以上、小社刊）、『だれにでもわかる素粒子物理』（技術評論社）、『図解入門　物理数学』『入試数学　珠玉の名問』（以上、アーク出版）

※本書は書き下ろしオリジナルです。

じっぴコンパクト新書　244

ここに気づけば！
東大・難関大「数学」入試問題があなたにも解ける

2015年1月31日　初版第1刷発行

著　者	京極一樹
発行者	村山秀夫
発行所	実業之日本社
	〒104-8233　東京都中央区京橋3-7-5　京橋スクエア
	電話（編集）03-3562-1967
	（販売）03-3535-4441
	http://www.j-n.co.jp/
印刷所	大日本印刷株式会社
製本所	株式会社ブックアート

©Kazuki Kyogoku 2015 Printed in Japan
ISBN978-4-408-33524-7（第3編集本部）
落丁・乱丁の場合は小社でお取り替えいたします。
実業之日本社のプライバシー・ポリシー（個人情報の取扱い）は、上記サイトをご覧ください。
本書の一部あるいは全部を無断で複写・複製（コピー、スキャン、デジタル化等）・転載することは、
法律で認められた場合を除き、禁じられています。
また、購入者以外の第三者による本書のいかなる電子複製も一切認められておりません。